绿色办公
百问答

LÜSE BANGONG BAI WENDA

刘建雄 张 丽 编著

中国环境科学出版社·北京

图书在版编目（CIP）数据

绿色办公百问答 / 刘建雄，张丽编著．—北京：中国环境科学出版社，2012.2

ISBN 978-7-5111-0888-3

Ⅰ．①绿… Ⅱ．①刘… Ⅲ．①办公室—节能—问题解答 Ⅳ．① TK01-44

中国版本图书馆 CIP 数据核字（2012）第 015977 号

责任编辑	辛　静
责任校对	尹　芳
封面设计	金　喆
版式设计	金　喆

出版发行　中国环境科学出版社
　　　　　（100062　北京市东城区广渠门内大街 16 号）
　　　　　网　　址：http://www.cesp.com.cn
　　　　　电子邮箱：bjgl@cesp.com.cn
　　　　　联系电话：010-67112765（编辑管理部）
　　　　　　　　　　010-67112739（第三图书出版中心）
　　　　　发行热线：010-67125803，010-67113405（传真）
　　　　　印装质量热线：010-67113404

印　　刷	北京中科印刷有限公司
经　　销	各地新华书店
版　　次	2012 年 2 月第 1 版
印　　次	2012 年 2 月第 1 次印刷
开　　本	880×1230　1/32
印　　张	4.625　彩插 4
字　　数	90 千字
定　　价	18.00 元

前言

　　"绿色"常常被视为春的旋律，生命的象征。当人类社会发展到 21 世纪第二个十年的时候，"绿色"将成为生态文明建设的基准色，成为构筑资源节约型、环境友好型社会的底色，人们在生活中享受"绿色"，在工作中呼唤"绿色"，这就是《绿色办公百问答》面世的时代机遇。

　　笔者近十年来在环保工作中，在指导绿色创建过程中，在生态文明建设的实践上，深深感受到各级机关对"绿色"的自律、垂范，将对全社会起到典型示范的带动作用。因此，在环境保护部宣传教育中心的支持下，2009 年主编出版了《绿色办公问答》，作为绿色活动、低碳发展、生态建设的培训教材，在一定程度上起到了推动绿色行政的积极作用，特别是引导基层办公机构"绿色化"，效果尤为明显，被中国环境科学学会评为第三届环保科普创新奖挂图类优秀奖。对此，笔者感到十分的欣慰。

同时，《绿色办公问答》在两年来的使用过程中，笔者也陆续收到了一些反馈意见，许多都是非常中肯的修改建议。为此，笔者结合国民经济和社会发展"十二五"规划，以及全球在低碳经济发展中，对实施节能减排、建设生态文明提出的新要求，对《绿色办公问答》进行扩充和修改，编著了《绿色办公百问答》，分为"绿色建设"、"绿色采购"、"绿色消费"和"绿色服务"四个篇章，用问答的形式，对在绿色办公中所能涉及的常识性政策和知识，进行阐述解答，以期有效地指导各级党政机关、学校、企事业单位，自觉加入到绿色办公的行列中来，为全社会树立生态观念、为可持续发展建章立制尽自己一份力量。

"绿色"在人类社会发展的历程中是一个永恒的主题，"绿色办公"则是主题曲中一支畅想的旋律，有形无态，由于笔者知识水平的局限性，《绿色办公百问答》只能是抛砖引玉，如有错漏之处，欢迎广大读者批评指正。

编 者

2011 年 11 月 9 日

目录

绿色建设

LÜSE JIANSHE

1. 什么是绿色办公？

随着近几年"环保"逐渐成为各行各业的时尚追求，绿色办公也在机关及企事业单位兴起，它是体现在办公行为中节约资源能源、回收利用资源、减少污染物产生和排放的一种全新的办公理念和方式。旨在使各级机关的千百万工作人员，自觉置身于节能减排、生态建设之中，成为建设资源节约型、环境友好型社会率先垂范的典范，从而引导广大公众改变思想观念和行为习惯。主要包含：

（1）绿色建设：如选择节能型建筑，实施绿色物业，推广远程办公，开展碳减碳汇等。

（2）绿色采购：如推行绿色采购和绿色物流等。

（3）绿色消费：如践行理性和符合道德的消费行为，实施办公用品简约化管理等。

（4）绿色服务：如推广绿色行政，率先节能减排，建设节约型机关等。

2. 哪些措施可以作为绿色办公的内容？

据统计，我国政府机构的能源消费约占全国能源消费总量的 5%，单位建筑面积能耗超过世界头号耗能大国——美国政府机关 1999 年平均水平的 33%，其中电力能耗接近全国 8 亿农民生产用电总量，能源费用开支一年超过 800 亿元，这充分说明我国政府机构节能潜力巨大。经有关部门测算，我国政府机构节能潜力为 15%～20%，可见办公室节能降耗是建设资源节约型社会的有效措施，也是绿色办公的重要内容，它包括节约资源的主要内涵：一是节约用电；二是节约用纸；三是节约用水；四是节约办公用品；五是公务用车降低油耗；六是加强日常监督检查，发现问题及时整改。同时绿色办公的内容还包括优化工作环境，预防污染物产生。

3. 北京奥组委《"绿色办公"指南》的主要内容是什么？

（1）绿色管理：① 办公大楼采用低能耗运营设施、节能灯具和环保办公设备；② 采用节水器具，杜绝用水设备跑、冒、滴、漏现象；③ 名片、贺卡及办公用纸利用再生纸，逐步推行无纸化办公；④ 选用可回收、简易包装的绿色办公用品，减少一次性物品的使用量；⑤ 设置分类垃圾箱，定期回收废纸、报纸，实现资源再利用；⑥ 使用环保家具，选择环保装修，保证办公室内空气质量达标；⑦ 使用不含有毒物质和破坏臭氧层物质的消防、制冷器材；⑧ 使用符合环保排放标准的车辆。

（2）绿色行为：① 办公室和公共场所要充分利用自然光，无须灯光时随手关灯；② 保持自然通风，少用空调；③ 多走楼梯，少乘电梯，锻炼身体；④ 节约用水，随手关闭水龙头；⑤ 用餐不浪费，节约粮食，拒食保护类野生动植物；⑥ 节约办公用纸，采用双面打印、复印；⑦ 分类投放垃圾，实现资源再利用；⑧ 保持安静，减少噪声污染；⑨ 爱护办公用品和设备，尽量延长其使用寿命；⑩ 选乘方便的公共交通工具，短距离步行或骑自行车；⑪ 支持环保募捐，参与环保宣传，做环保志愿者。

（3）绿色活动：结合工会工作，组织奥组委工作人员参加一系列环保活动，如植树、保护野生动植物。

4. 绿色办公室为何将成为时尚？

绿色办公室并非狭义地在办公室里摆几盆花、常年窗明几净，而是指通过各种有效措施和手段，使工作空间有益于美化、环保、健康和高效率。具体内容包括：人均占有空间合理，保持空气清新，尽量利用自然光照明，办公用品无毒无害，室内空气质量及噪声符合环保标准，舒适安全，水、电和纸品的消耗适度等人文环境。人的工作效率与工作环境密切相关，低估空气、噪声、放射线污染等隐形杀手的危害，势必带来不断降低的工作效率，有诸多疾病就是由电脑、空调、复印机、清洁剂和杀虫剂等引起的。初步估算，上班族每个工作日有 1/3 的时间是在办公室里度过的。因此，从人体健康的角度来看，追求人与自然的和谐，自觉从小事做起，从自身做起，主动地参与办公室环境的生态化行动具有十分重要的现实意义。21 世纪以来，越来越多的西方国家开始重视室内生态化，英国制定了有关照明的《阳光法案》，日本则提倡把雨水和经初步净化的再生水用于清洁厕所，这些都是推动绿色办公室建设的法律保障。

5. 怎样建设绿色办公室？

绿色办公室的内涵是指办公环境的舒适、环保、健康和高效。绿色办公室模式是在 2000 年世界环境日之际，原国家环境保护总局等单位共同发起的"争创环境之星"活动中，参照香港环保署、香港环境保护运动委员会提出的"环保办公室模式"建立的。其主要内容包括：环保领导、环保计划与表现、咨询与合作，提倡节约能源、水、电，将废旧物资充分回收再利用，保持清洁的工作环境，空气清新，没有噪声污染。

建设绿色办公室至少应考虑五点：①在建筑行业中要树立节能减排观念，从各个环节实现节能、高效；②建材的研发应更多地致力于可再生的建筑材料，如路基土可用垃圾再生土铺垫，管网可用再生塑料制造，并尽快扩大这种材料的使用范围；③充分考虑建材原料从使用到回收是否污染环境，如使用大理石做原料时是否会产生放射性污染；④注重工程建设中的能源节约，如在规划设计时贯穿节能意识；⑤最关键的是要从宣传、教育、措施、管理和执行等方面把生态文明理念贯穿到办公室环境中去。只有

使人、建筑与自然环境之间形成一个良性的生态系统，才能真正实现办公环境的生态化。

6. 办公室为何应选择节能型建筑？

　　建筑能耗一般指建筑物在正常使用条件下的能源消耗，主要包括建筑采暖、空调、热水、炊事、照明、电梯、电器、通风和建筑设备等方面有关的能耗。我国建筑物使用能耗已占能源总消耗量的27.4%，不包括生产和经营性的能量消耗，是相同气候条件下发达国家的2～3倍，其中，采暖和空调占建筑总能耗的50%～70%，主要表现在建筑物保温与供热系统状况差，如我国供热系统的综合效率仅为35%～55%，远低于先进国家，仅为这些国家供热系统

综合效率的 80% 左右，单位面积耗能与国际先进水平相比高出 50% 以上。因此，国家《"十二五"节能减排综合性工作方案》中明确提出开展绿色建筑行动。

节能建筑是指结合当地的地理环境和自然条件，充分采用有利于节约能源资源的技术、工艺及材料，按节能标准进行设计和建造而成的新型建筑。建筑节能主要从外门外窗、墙体、屋顶三个途径实现，尤其在墙体结构、门窗玻璃、采暖方式等方面运用了大量的新技术，如在外墙、房顶和地面增加 5～10 厘米厚的保温层，使用中间充有惰性气体隔离层的高热阻中空玻璃和密闭高热阻窗框，夏天可以挡住外面的热空气，冬天起到保温效果，隔声性能也有很大提高。相对于现有普通建筑而言，节能型建筑科技含量更高，更好地利用了自然可再生资源，更能起到保温隔热的作用，从而降低资源、能源的消耗。因此，作为各种管理部门工作场所的办公室应选择节能型建筑，把建筑能耗降下来，切实把建设资源节约型、环境友好型社会落实到每个单位。

7. 办公室为何要实施绿色物业？

随着人口增长和经济发展，势必造成建筑物占据大量土地和自然空间，传统建筑产业粗放、污染的生产方式影响了水文状态和空气质量，并产生大量的废弃物，目前我国建材生产、建筑活动造成的污染约占全部污染的 34%，对自然环境产生重大的负面影响。可见，建筑及其运行的资源消耗和环境效应，对全球的生态文明影响日益显著，而建筑节能减排也已经成为转变经济增长方式，建设资源节约型、环境友好型社会的一项重要举措。建筑物的寿命应该是很长的全生命周期，这就意味着绿色建筑要真正地发挥作用，应该是处于交付使用以后的运行时间，而这个阶段的物业服务直接影响着这些建筑的功效。根据资料显示，国外建筑物在建成后寿命期间的管理费用是建设成本的 7 倍左右，而国内则达到了 12 倍，其中，能耗费用占比最大。由此可见，物业管理与节能降耗以及环境保护的关系十分密切，物业管理涉及房屋及其配套设施设备的维修、养护和对环境的管理，通过抓好物业管理的各个环节，能够达到节能、节水、节电及促进资源的循环利用和环境的改善，对保护环境和建设节约型社会作出积极的贡献。因此，推行绿色物业管理也就成为绿色办公室发展的一种必然趋势。

8. 什么是办公室综合征？

办公室综合征主要表现为头晕、头痛、乏力、心情焦躁，甚至恶心、呕吐、食欲不振，严重的还会出现类似上呼吸道感染或者皮肤过敏现象，甚至产生血液系统和神经系统疾病的症状。原因主要有两个方面：①室内空气污染。办公室经常有一些现代化的办公用品，比如电脑、复印机、打印机；一些不环保的装饰材料，像油漆、家具等都会释放出过量的正离子、臭氧、苯或甲醛等对人体有害的物质，吸入后，一些人会出现头晕、无力等症状。②噪声污染。办公室噪声并不是音量越高污染越大，低频噪声污染同样不可忽视。空调、电脑主机、键盘及传真机等音量并不大，但多种声音组合起来对人体会产生没有规律的刺激，时间长了会损害心脏。

9. 办公楼内环境污染主要有哪些？

（1）室内装饰材料污染。这是目前室内空气污染的主要方面。室内装饰用的油漆、胶合板、刨花板、内墙涂料等均含有甲醛、苯等有机物质，还有建材中的放射性物质，都有相当的致癌致病性。甲醛是一种无色有害气体，被世界卫生组织列为可疑致癌物，它对人的神经系统、呼吸系统、消化系统都有很大影响，容易引起人的过敏反应，带来哮喘、鼻炎、咽炎等疾病，长期接触还可能引起鼻腔、口腔、咽喉、皮肤和消化道癌症。苯也是公认的致癌物，苯的浓度过高就可能导致白血病等病症，女性长期吸入苯会患许多疾病，育龄妇女会导致月经过多或紊乱，孕妇接触甲苯、二甲苯及苯系混合物时，妊娠高血压综合征、妊娠呕吐及妊娠贫血等妊娠并发症的发病率显著增高，甚至会导致流产。此外，苯还可导致胎儿先天性缺陷。国家卫生、建设和环保部门曾经进行过室内装饰材料抽查，结果发现具有有毒物质的材料占68％。这些材料一旦进入室内，将会引发包括呼吸道、消化道、神经系统、视力等方面的多种疾病。尤其值得注意的是，这些含有毒物质的气体在室内的释放期比较长，日本横滨国立大学的研究表明，室内甲醛的释放期为3～15年。

（2）建筑物自身的污染。为了加快混凝土的凝固速度和在冬季施工的防冻，有些建筑单位在其中加入高碱混凝土膨胀剂和含尿素的混凝土防冻剂。这些建筑物投入使用后，随着环境因素的变化，特别是夏季气温的升高，从墙体中缓慢释放出有毒气体，造成室内空气中氨含量严重超标，刺激人体健康。另一种是在建筑中的石材、砌块、水泥中放射性物质超标，如大理石地面虽然看起来洁净，但不合格的大理石会释放出放射性物质，对人体造成很大的危害。

（3）办公家具带来的污染。办公家具是办公楼内的重要用品，也是室内装饰的重要组成部分。购买办公家具，往往关心的是价格、款式、做工，而忽视了直接关系到人体健康及安全等问题。中国室内装饰协会室内环境监测中心提供的资料表明，由于家具造成的室内空气污染，已经成为目前家庭和办公楼中继建筑污染、装饰装修污染之后的第三大污染。

（4）大量使用现代化办公设备和家用电器产生的污染。这类污染主要包括空调污染、噪声污染、电磁污染、紫外线辐射等，给人们的身体健康带来不可忽视的影响。尤其是在空调房间里，由于人体、室内空气与空调机在办公室内形成了一个封闭的循环系统，容易使房间中的细菌、病毒、霉菌等微生物大量繁殖。还有办公楼内中央空调管道里边阴暗潮湿，特别容易滋生细菌，如军团菌，时间长了还会积存很多灰尘，造成室内可吸入颗粒物的增多。

（5）建筑设计不合理造成的污染。作为办公楼的一些建筑物采用全封闭的设计，新风量不够，使得室内空气中的有害气体大量积聚，难以清除，加剧了室内空气的污染。

10. 室内空气污染物质可分为几类？

室内环境易受多方面因素的影响和污染，从其性质来讲，污染可分三大类：

第一大类是化学污染。主要来自装修、家具、玩具、煤气、杀虫剂、化妆品、吸烟、厨房油烟等。污染物主要包括甲苯、二甲苯、甲醛等挥发性有机物和氨、一氧化碳、二氧化碳等无机化合物。

第二大类是物理污染。主要来自室内、外的电器设备产生的噪声、电磁辐射、光污染等。

第三大类是生物污染。主要来自寄生于地毯、毛绒玩具、被褥中的螨虫及其他细菌等。

11. 室内空气中的甲醛来自哪里?

（1）来自装饰用的胶合板、细木工板、中密度纤维板和刨花板等人造板材。因为甲醛具有较强的黏合性，还具有加强板材的硬度及防虫、防腐的功能，所以目前生产人造板材使用的胶黏剂多是以甲醛为主要成分的脲醛树脂，板材中残留的和未参与反应的甲醛会逐渐向周围环境释放，是形成室内空气中甲醛的主体。

（2）来自用人造板材制造的家具。一些生产厂家为了降低成本、追求利润，使用不合格的板材，在黏结贴面材料时再使用劣质胶水，以及制造工艺不规范，等于使家具成了一个小型的废气排放站。

（3）来自含有甲醛成分并有可能向外界散发的其他各类装饰材料，比如贴墙布、贴墙纸、化纤地毯、泡沫塑料、油漆和涂料等。

（4）来自燃烧后会散发甲醛的某些材料，比如香烟及一些有机材料。

另外，室内空气中甲醛含量的大小与四个因素有关，即室内温度、室内相对湿度、室内材料装载度（即每平方米室内空间的甲醛散发材料表面积）和室内换气数（即室内空气的流通量）。

12. 室内空气质量对人体健康的重要性是什么？

人的一生中，至少有 80％以上的时间是在室内环境中度过的，生活在城市中一些行动不便的人及老人和婴儿，则可能有高达 95％的时间是在室内度过的。

成年人在一些区域度过的平均时间及在全天中所占的百分比见下表：

区域	职业女性		职业男性		家庭妇女	
	平均时间 / 时	百分比 / %	平均时间 / 时	百分比 / %	平均时间 / 时	百分比 / %
居室环境	15.6	65	13.4	56	20.4	85
工作场所	5.3	22	6.7	28	0	0
过渡区域	1.0	4	1.6	7	1.0	4
室外环境	0.4	2	0.7	3	0.5	2
其他建筑物内	1.7	7	1.6	6	2.1	9

资料来源：摘自中国标准出版社 2006 年 5 月第二次印刷《室内环境污染防治知识问答》。

由上表可以看出，室内环境是人们生活、工作及社交的主要场所。因此，室内空气质量的优劣与每一个人的健康都息息相关。

人类的生存离不开空气，一个人可以 7 天不进食，5 天不饮水，但 5 分钟不呼吸空气就可能死亡。对于一个成年人来说，每天所呼吸的空气为 10 ～ 12 米^3，在安静时的呼吸频率为 16 ～ 17 次 / 分钟，婴儿呼吸频率为 30 ～ 40 次 / 分钟。我们可以选择无污染的水和食物，却难以选择所呼吸的空气。因此，我们应该尽可能地增加户外活动的时间或室内通风换气的次数，以保障人体健康。

13. 办公室内主要有哪些电器危害人体健康？

（1）复印机是办公室里产生臭氧量最大的办公设备。这是因为目前的复印机一般都是静电复印，静电电压非常高，因此会产生大量臭氧。如果通风又不好，办公环境内臭氧浓度升高，就很容易对人的健康产生不良影响。

（2）打印机主要是喷墨打印机对人体健康存在威胁。因为喷墨打印机喷出的墨汁颗粒非常小，肉眼不容易看到，但会飘浮在空气中，这种可吸入颗粒物也会对人的呼吸系统造成伤害。

（3）电脑产生的主要污染物是臭氧、电磁辐射和粉尘。研究已经发现电脑的辐射对孕妇及胎儿有不良影响。研究还表明长期低强度的电磁辐射，可对人体的中枢神经系统、心血管系统、血液系统、视觉系统以及肌体免疫功能等造成多方面的损害，过多的电磁辐射还有可能影响到人的生育能力。

14. 激光打印机对人体健康有哪些影响?

在办公室的工作环境里，激光打印机等输出设备工作时，由于高压静电场作用，产生大量的苯并芘、二甲基亚硝胺等有机废气，这些有机气体都是致病、致畸、致癌的物质。英国过敏症基金会的研究人员最近发表的一份研究报告指出，办公设备会释放有害人体健康的臭氧气体，其主要元凶就是激光打印机等输出设备。比如激光打印机采用激光头扫描硒鼓的方式在硒鼓上产生高压静电，用于吸附墨粉，这样硒鼓表面的高压电荷会电离空气中的氧气生成臭氧。臭氧是强氧化剂，对人体主要危害是刺激和破坏呼吸道黏膜和组织，诱发支气管炎、哮喘和肺气肿，对于那些有哮喘病和过敏症的患者来说，危害更为严重，甚至会危及生命。臭氧还能破坏人体皮肤中的维生素 B，致使人的皮肤起皱、出现黑褐斑，破坏人体的免疫机能，加速衰老，增加畸形儿出生概率等。

15. 汽车内有哪些污染及其防治措施？

（1）新车的各种配件和材料中的有害挥发物，如车内塑料、皮套等或多或少都会散发出甲醛和苯混入车内空气中，长期接触可能引起鼻炎，甚者皮肤炎症和消化道癌症。

（2）车内装饰物通常是造成二次污染的主要来源。比如，很多车主买车之后喜欢在车内摆放一些毛绒玩具、靠垫、塑料地毯、儿童座椅等，如果这些装饰含有较高含量的甲醛，就会造成车内空气污染。另外，劣质的羊毛坐垫、香水、座套、防爆膜等，都有可能对车内空气造成二次污染。

（3）车内空气循环系统的污染。由于长期关闭车窗开空调，或不经常清洗空调过滤系统，滋生的细菌会造成呼吸道感染。

（4）来自车辆外部的污染。车辆处于行驶状态中，汽车排放出的一氧化碳、二氧化碳、可吸入颗粒物、多种挥发性有机物等是车内空气的主要污染物。根据车辆设计原理，即使不打开车窗，车辆在行驶过程中，车内外空气仍会发生流动和交换。在洼地及车库等相对封闭的环境里，让汽车发动机长时间保持怠速运转非常危险，高浓度有害气体会积聚在车厢周围，通过空调系统或车厢缝隙回流到车内，可能在短时间内造成车内人员昏迷甚至死亡。国内外对这方面案例的报道屡见不鲜。

因此，驾驶员应注意以下方面的问题，避免或尽量减少对身体健康的危害：

（1）在驾驶新车的最初几个月应注意开窗通风，增加车内空气流通，加速有害气体挥发，并尽可能少开空调。

（2）谨慎选购车辆内饰。新购买的车内座套等纺织品使用前要先用清水洗涤。

（3）购买车内香水时切忌图便宜而选择劣质香水。

（4）如果车内异味过大或驾车后明显感到身体不适，就应考虑去有国家认证资质的部门对车内空气质量进行检测，同时孕妇和过敏体质者尽量不要乘坐异味过重的新车。

16. 办公楼通风不足的危害有哪些？

经调查发现，不少办公楼室内空气污染物中的甲醛、氨、氡、苯等虽未超标，但由于通风透气不足，使得污染源影响扩大，具有一定的潜在威胁。"新风量"是影响办公楼室内空气质量的一个重要因素，办公室里复印机散发出的臭氧、人呼出的二氧化碳、香烟烟雾的可吸入颗粒物、人和地毯吸附的微生物和细菌，甚至办公家具散发出的甲醛等污染物，都需要经过通风换气来稀释，如果人吸入过多，就会出现胸闷、咳嗽等症状。根据国家有关标准，办公场所"新风量"每人每小时须 30 米 ^{3}，但目前很多办公楼都未能达到这一最低限量标准，特别是安装中央空调的办公大厦，为了节省开支，当中央空调停止运行后，并没有开启通风系统，致使办公楼的室内空气质量较差。除了不少办公楼通风设备老化、管理单位节约成本的原因外，不少办公楼单位面积内人员设置过密，也是造成办公场所空气质量差的重要原因。

17. 如何改善办公环境？

（1）新建或装修时，严格选用无毒无污染的建筑装饰材料及办公家具。

（2）新启用的办公室要进行室内空气质量检测，发现污染及时进行净化处理。

（3）减少使用可能产生污染的办公用品和不可降解的塑料制品，不使用天然稀有木材制成的办公设施，使用无汞、无镉的环保型电池、可更换笔芯的笔和自动铅笔。

（4）做好办公用品防护，集中处理易产生污染的办公用品，墨盒、硒鼓等耗材及废弃电脑等特殊废弃物统一回收，复印机、打印机放置于通风处，降低臭氧对人体损害。

（5）提高办公室室内环境质量，尽量降低办公密度，及时检修和清理空调及排风设备，有条件可装有动力的空气净化装置，设立吸烟区，禁止在办公环境内吸烟，使室内空气质量达到国家标准。

（6）加强办公场所环境管理，增大绿化覆盖率，不在办公地点大声喧哗，所有设施达到噪声排放标准，创造安静的工作环境。

18. 如何降低电话对人体健康的危害？

电话是最容易传播疾病的办公用品。电话听筒上 2/3 的细菌可以传给下一个拿电话的人，是办公室里传播感冒和腹泻的主要途径，所以需要定期用酒精对电话听筒及键盘进行消毒。

另外，随着信息交流的日益频繁，使用手机的用户越来越多。手机的使用为工作和生活提供了便利，但过多地使用手机，也会对身体健康带来一定的负面影响。据 1998 年世界卫生组织调查显示，手机所产生的电磁辐射可能对人体造成五种潜在影响：① 电磁辐射是心血管疾病的主要诱因；② 电磁辐射对人体生殖系统、神经系统和免疫系统造成直接伤害；③ 电磁辐射是造成流产、不育、畸胎等病变的诱发因素；④ 过量的电磁辐射直接影响大脑组织和骨髓的发育，致使视力及造血功能下降，严重者可导致视网膜脱落；⑤ 电磁辐射可使男子性功能下降，女性内分泌紊乱，月经失调。因此，每一位手机拥有者都面临着电磁波的侵害，加强自我保护是十分必要的。

那么，手机使用者怎样减轻电磁辐射的危害呢？

① 尽量减少通话时间；② 使用耳机通话；③ 儿童少用手机通话；④ 手机信号弱或充电时尽量少接听电话；⑤ 怀孕早期最好不使用手机；⑥ 接通手机最初 5 秒钟避免贴近耳朵；⑦ 手机尽量不要放在口袋、腰间和床头。

另外，一些手机用户为了体现个性、追求时尚或担心漏接电话，常常会把手机铃声设置得很大，甚至干脆把手机当音乐播放器。这样过大的声音被称为新的噪声污染源，不仅影响别人，也影响自身健康，应该引起手机使用者的注意，莫把"噪声"当"音乐"。

19. 如何降低空调对人体健康的危害？

开空调会使室内空气流通不畅，减少负氧离子。人在空调房间里待久了，会感到头昏、心情烦躁，容易感冒，导致过敏性鼻炎反复发作，损害身体健康。因此，要注意定时开窗通风，并且每隔几个小时就到室外呼吸新鲜空气。另外，空调的过滤网会吸附灰尘、螨虫、花粉、虱子和霉菌等物质，危害人体健康，也会影响空调的使用效果，增加耗电量，严重时可能会影响用电安全。因此，定期清洗过滤网，保证空调干燥、清洁是维持其正常运转保障人体健康的重要工作。

20. 怎样预防室内电磁波污染？

（1）注意室内办公及家用电器的设置。不要把室内电器摆放得过于集中，以免使自己暴露在超剂量辐射的危险之中。特别是一些易产生电磁波的电器，如收音机、电视机、电脑、冰箱等电器，不宜集中摆放在卧室中。

（2）注意办公及家用电器使用时间。各种家用电器、办公电器设备、移动电话等都应尽量避免长时间操作，还要尽量避免多种办公及家用电器同时启用。

（3）注意人体与办公和家用电器之间的距离。对各种电器的使用，应保持一定的安全距离，离电器越远，受电磁波侵害越小，如彩电与人的距离应在 4～5 米，与日光灯管的距离应在 2～3 米，微波炉在开启之后要离开至少 1 米远，孕妇和儿童应尽量远离微波炉。

（4）注意电磁辐射污染的环境指标。专家提醒以下 5 种人要特别注意：

◇生活和工作在高压线、变电站、电台、电视台、雷达站、电磁波发射塔附近的人员；

◇经常使用电子仪器、医疗设备、办公自动化设备的人员；

◇生活在现代电气自动化环境中的人员；

◇生活在以上环境里的孕妇、儿童、老人及疾病患者等；

◇佩戴心脏起搏器的患者。

应该及时了解室内电磁辐射污染的程度，如果环境中电磁辐射污染比较高，就必须采取相应的措施。

21. 办公室如何开展碳减碳汇？

长期以来，由于人类对碳基能源的依赖、矿物燃料的燃烧和大量森林的砍伐，地球大气中的二氧化碳等温室气体的浓度不断增加，致使温室效应与地球气候发生急剧变化，高温干旱、雨雪洪涝、低温冰冻等极端气候灾害的多发性、异常性日益突出，严重危及人类的生存环境。碳减碳汇是人类应对气候灾难、维护自然生态和谐的积极行动。

所谓"碳减"就是减少二氧化碳的排放量，以实现减排、降低碳密集产品生产和消费为目标，同时也必须惠及发展中国家——帮助发展中国家适应气候变化的影响、减少森林退化、寻求低排放和清洁能源的发展。对此，中国政府决定，"十二五"期间单位 GDP 二氧化碳排放强度下降 17%，到 2020 年单位国内生产总值二氧化碳排放比 2005年下降 40%～45%，并提出相应的政策措施和行动。"碳汇"一词来源于《京都议定书》，一般是指从空气中清除二氧化碳的过程、活动、机制，主要是通过森林植物吸收大气中的二氧化碳，并将其固定在植被或土壤中，从而减少该气体在大气中的浓度。

办公室虽然不是直接生产单位，但是诸多生产政策的制定单位，因此，办公室开展碳减碳汇首先要在科学发展观的指导下，研究拟定相关政策，积极培育典型，及时总结经验，广泛宣传教育，普及碳减碳汇知识。办公室还是消费单位，因此，办公室开展碳减碳汇要率先实施绿色采购、绿色消费和绿色服务，自觉购买低碳办公设备，主动践行绿色出行。办公室也是区域碳汇单位，因此，办公室开展碳减碳汇要将绿化美化的思路提升到区域碳中和的理念，选择碳汇量大的树种栽植，注重乔木与灌木的合理搭配，将大面积草坪改为乔木林，创造条件进行碳交易。

22. 办公室如何绿化美化？

绿化美化办公室的益处：

（1）可清除室内有毒气体。

（2）能使眼睛得到休息，消除疲劳、预防近视。

（3）具有隔声、消尘、阻光、降温等功能。

（4）可在潜移默化中解除疲惫、舒缓紧张、排除压力，进而心旷神怡。

（5）调整办公环境，使办公室更人性化。

绿化美化办公室的要点：

（1）选择适合自己办公室环境的植物。

（2）检视植物叶面、茎枝交接处是否有虫体。

（3）叶色浓淡正常、叶面有光泽，坚挺而有生气。

（4）植株的枝干应健壮，勿过细长、柔弱。

（5）开花植物选择花苞数多，花期长且有 1/3 花朵已开放的。

办公室绿化美化的维护：

（1）避免摆置在通风口或空气调节器的风口。

（2）优先考虑有适量阳光的位置。

（3）发现叶子发黄或有败坏的叶片、凋萎的花朵应赶快除去，或及时采取措施恢复植物健康。

（4）当叶片蒙垢时，可用软海绵蘸上温水擦拭。

（5）植物生长容器应定期加以清理，其水盆须随时维持干燥以免滋生蚊虫。

23. 哪些植物可以净化办公室的空气？

办公室绿化可按个人的条件、情趣、爱好等因素去选择，室内绿色植物大致可分为四类：

（1）观叶类：这类植物主要是观青看叶，大多数产在热带，生长在潮湿及阳光不足的原始丛林中，如棕榈、南洋杉、苏铁、万年青、文竹、吊兰、五针松、小叶女贞、橡皮树、龟背竹、常青藤、仙影石、波丝草、红宝石和蓝宝石等，这些植物易在室内生长，有些叶面很大且油亮青翠。

（2）赏花类：这类植物品种繁多，如米兰、茶花、水仙、虎刺梅、杜鹃、梅花、君子兰等，这些花在绿叶的衬托下，竞相开放，给封闭在室内的人们带来了乐趣。

（3）看果类：这类植物主要有金橘、石榴、五色椒、金枣、枸杞等，当秋季到来时，在房间、楼道硕果累累，一派丰收的景象，煞是喜人。

（4）抗污染类：

◇芦荟和吊兰能在其新陈代谢的过程中，把甲醛转化为像糖或氨基酸那样的天然物质。在 24 小时光照下，芦荟能消灭 1 米^3 空气中 90％的甲醛，吊兰能"吞食"96％的一氧化碳、86％的甲醛和过氧化氮；

◇常青藤可吸收 90％的苯；

◇龙舌兰能消除 70％的苯、50％的甲醛和 24％的三氯乙烯；

◇月季、蔷薇、万年青可有效清除三氯乙烯、硫化氢、苯、苯酚、氟化氢和乙醚；

　　◇虎尾兰、龟背竹、一叶兰可吸收80%的有害气体；

　　◇天门冬可清除重金属微粒；

　　◇柑橘、迷迭香、吊兰可使空气中微生物和细菌减少；

　　◇紫藤对二氧化碳、氯气和氟化氢的抗性较强，对铬也有一定的抗性。

　　室内绿色植物的十点益处：

　　（1）净化空气。

　　（2）调节湿度。

　　（3）减少尘埃。

　　（4）减轻气体污染。

　　（5）减轻化学污染。

　　（6）抑制、杀灭空气微生物。

　　（7）调节神经。

　　（8）改善人体机能。

　　（9）吸音吸热。

　　（10）美化环境。

　　如果在10米^{3}的居室中放置一种抗污染的植物，就能起到天然"负离子发生器"的作用，大大有利于室内空气净化。

24. 不宜在室内摆放的花卉有哪些?

　　（1）月季花，它所散发出的香味会使个别人闻后感到胸闷、憋气和呼吸困难等不适。

（2）兰花，它所散发出的香气久闻之后会令人过度兴奋而引起失眠。

（3）紫荆花，它所飘散出的花粉如果与人接触过久，会诱发哮喘症或使咳嗽症状加重。

（4）夜来香，它在晚上能大量散发出强烈刺激嗅觉的微粒，高血压和心脏病患者容易感到头晕目眩，郁闷不适，甚至会使病情加重。

（5）郁金香，它的花朵含有一种毒碱，如果人与它接触过久，会加快毛发脱落。

（6）夹竹桃，它的花朵散发出的气味久闻会使人昏昏欲睡，智力下降，它分泌出的乳白色液体具有较强的毒性。

（7）松柏类花木，这类花木所散发出的芳香气味对人体的肠胃有刺激作用，久闻不仅会影响人们的食欲，而且会使孕妇感到心烦意乱，头晕目眩，恶心欲吐。

（8）洋绣球花，它所散发出的微粒，如果人与之接触，有些人会皮肤过敏，发生瘙痒症。

（9）黄花杜鹃，它的花朵一旦误食，轻者会引起中毒，重者会引起休克，严重危害身体健康。

（10）百合花，它所散发出的香味久闻会刺激人的中枢神经引起失眠。

25. 绿色办公行为如何向社会延伸？

　　绿色办公理念不能狭义地局限在办公楼、办公室里，而是要通过有限的机关工作人员用绿色办公行为，带动无数的社会人员逐步加入到绿色行列中来，使人人成为节能减排、绿色低碳的主体。所以，绿色办公要向社会延伸就需要每个单位通过制定规章制度，广泛实施绿色办公措施后，办公人员会受到不同程度的影响，形成自觉的绿色办公行为。当这些办公人员下班后，自然会将节水、节电、节纸和减污等环保措施带回去，在家庭进行垃圾分类，废水、废旧物品循环利用，减量消费以减少污染物排放等，同时也能提高家庭成员的环保节能意识。有些办公人员及其家庭成员由此成为环保志愿者，其家庭成为绿色家庭，随即产生社会辐射作用，主动为所居住的社区创建绿色社区活动积极工作，在校子女又将这些绿色行为带到学校参与绿色学校的创建，在企业工作的家庭成员又可以参与环境友好型企业的创建，这样就形成了社会生态文明建设链，生态文明观念就会在全社会越来越牢固地树立起来。

26. 什么是低碳办公？

低碳办公从广义上来说，包含的内容相当广泛，如办公环境的清洁、办公产品的安全、办公人员的身体健康等。从狭义上来看，低碳办公是指在办公活动中节约资源能源，减少污染物产生及排放，循环利用可回收产品，是全民节能减排、低碳行动的重要组成部分。低碳办公主张每一位工作人员都从身边的小事做起，珍惜每一千瓦时电、每一滴水、每一张纸、每一升油、每一件办公用品。据"好视通"的一项调查发现，如果有 10 万用户在每天工作结束时关闭电脑，就能节省高达 2 680 千瓦时的电，减少 1 588 千克的二氧化碳排放量，这相当于每月减少 2 100 多辆汽车行驶的排放量。一项来自 IBM 的评估则表明，该公司全球范围仅因鼓励员工在不需要时关闭设备和照明，一年就将节省 1 780 万美元，相当于减少了 5 万辆汽车行驶的二氧化碳排放量。

27. 如何实施低碳办公？

据有关数据分析，办公活动中降低二氧化碳排放量最有效的方法之一，就是减少不必要的出差旅行。因此，实施低碳办公除了选择低碳办公设备外，有效地利用远程视频会议平台，可以降低30％的二氧化碳排放量，具体做法有：

（1）远程会议。无论是区域性会议还是全国性会议，运用网络视频会议系统召开远程会议，在降低办公成本的同时，可以有效地减少二氧化碳的排放量。

（2）远程培训。各级各类专业采用远程培训的方式，同时结合 Online 线上学习平台，对各地相关系统的工作人员进行培训，不仅是快速有效的教学方法，还可以减少二氧化碳的排放量。

（3）远程监管。通过建立远程监管平台，上级工作人员可以在自己的办公室，为远在千里之外的下级工作人员解答问题，并且可以远程控制下级办公桌面，监管可能发生的问题。通过视频上级工作人员还可以对下级工作人员进行面对面的考核，这不仅提高了工作效率，也减少了差旅所产生的二氧化碳的排放量。

（4）远程办公。有条件的办公室可以安排工作人员轮流在家办公，有条件的单位可以进行远程协作，使地理上分开的工作人员，以高速灵活的电子方式组织起来，通过视讯平台，相关工作人员在屏幕上共同办公，这样既可以减少二氧化碳的排放量，也可以缓解城市交通堵塞，还可以减少工作人员在路程上的时间消耗。

（5）无纸化办公。尽量减少办公设备的购买与使用，减少文件的复印及打印，采取无纸化办公平台，通过网络在线处理公文、收发电子邮件及传真，在减少纸张消耗、提高办公效率的同时，减少二氧化碳的排放量。

28. 何谓网上办公？

网上办公是运用信息技术和通信手段打破办公机构的地域、空间局限，取消传统的手写、腿跑、嘴讲、耳听等作业方式，建构一个电子化的办公环境，使得工作人员既可以将有关文件通过网络传递或公布，又可以通过网络获取办公信息及服务，提高办公效率。网上办公一般可以分为两部分：

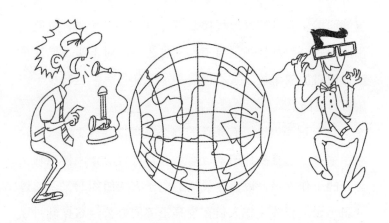

（1）互联网应用。办公机构在互联网上建立门户网站，提供对外发布信息的渠道，开放面向社会公众的信息，用于传播、宣传多种资讯，构架办公机构之间、办公机构与公众之间的桥梁。这一部分多见于政务公开，通常是某一政府机关网上办公的常用形式。

（2）内部局域网应用。构筑内部信息网、建立管理信息系统和办公自动化系统，从而实现加强部门、人员之间的协调、协作和交流的目的，更有效地获取信息、共享信息，更快地反馈情况，进而建立联机数据库检索系统、多媒体应用系统、领导决策支持系统。这一部分多用于因某一工作而建立合作关系的群体，这些工作既可以是本单位内部的，也可以是相关单位之间的。

无论是互联网还是内部局域网都有一个共同的特点，就是在某个固定的办公位置，通过网络向多个动态的工作面交流信息，达到预定的工作目标。简单地说，就是某一工作人员在自己的办公室，通过网络既可以接受上级领导的指示和工作进度的反馈，又可以与相关人员交流信息，还可以向隶属单位布置任务，而完成这些繁杂的工作都不受地域条件的限制。

29. 远程办公有何环保意义？

　　随着宽带网络的出现，越来越多的人正在选择居家办公这种工作方式，越来越多的单位开始考虑远程家庭办公这种运作模式。据国际远程办公协会及理事会进行的研究表明，一个远程办公人员，每年可以为单位节省多达 10 006 美元的办公经费。也就是说，在一个有 100 名员工的公司，如果 20 个员工远程办公，每年经费节省的潜力可达 20 万美元。英国电信公司的数据表明，一名坐办公室的员工每年要消耗掉 16 000 英镑办公费用，而一个远程办公员工只需要 2 500 英镑办公费用，较原来减少了 80%。一些美国大公司，如 AT&T、惠普及 Merrill Lynch，允许部分从事特定岗位的员工，在家通过电脑沟通工作，而不一定要本人坐在办公室里。另外一些公司在"工作日"的定义上更加灵活，比如允许每周工作 4 天，每天 10 小时，或者每周在家工作 1 天。英国国家统计局的数据显示，2003 年大约有 7.5% 的英国人（超过 200 万人）在家里办公，比 2002

年增长了 12%。有了网上办公模式，在家的人们可以非常容易地将公函用电子邮件传送出去，哪怕是绕地球大半圈，所需的时间就和传送到隔壁一样。远程会议、录像会议和电子商务同样都能够节省时间和能源，也可以部分地解决城市交通拥堵和空气污染的问题，增进公众健康，促进低碳经济，是一种节能减排的新途径。

30. 远程办公的方法有哪些？

（1）电子邮件 E-mail。在发信时添加要传送的文档作为附件，在对方打开邮件的同时可以查看附件内容，这样可以使工作做到基本同步进行，而且遇到问题时也可以通过 E-mail 来交流。

（2）即时通讯工具 MSN 和 QQ。当工作开始时，办公人员链接到 Internet 后登录 MSN 或 QQ，点击对方进行工作交流，这是目前网络办公中使用最多也最为常见的一种。

（3）交流论坛 BBS。当交流的信息量比较大，而且需要即时通讯时，可以借助 BBS。

（4）消息群发 QQ 群组。先建立一个群组，依次添加办公对象到指定群组，在需要群发通知时，右键单击该组就可以实现通知的群发了。

（5）远程控制 PcAnywhere。如果重要文件存在办公室电脑中，办公人员身处异地，只要事前在两地电脑中安装并运行该软件，形成主控端与被控端，便可以使用被控端上的程序向主控端传递文件，效果很类似在随身电脑中存取文件。

（6）网络会议 NetMeeting。在办公中，时常遇到需要有关人员当面商议的工作，这时可以通过网络召开碰头会。

（7）视频传输 VideoLink。如果遇到重要会议，而主办人员又分散在各地，通过该软件加上普通电话线，即可用视频和音频进行交谈。

（8）网络电话（IP 电话）。是一种通过网络链接异地电脑，或者拨通异地电话的应用软件。双方距离无论相隔多远都能互通语音信息，有的软件还可以用来传送视频、语音邮件及其他文件资料等来实现电脑和电话之间的交流。

（9）文件传输协议 FTP。用 FTP 传文件和上述方法有所区别，将编辑完的文档上传到指定的 FTP 服务器上，异地办公人员通过登录 FTP 服务器下载该文件。利用此方法远程办公的最大好处是可以跨越不同网络间的防火墙，实现文件的异地交换。

31. 什么是办公自动化?

办公自动化（Office Automation，OA）是信息化社会重要标志之一，于20世纪70年代中期在发达国家迅速发展起来的一门综合性技术，到80年代末我国也开始起步。它将人、计算机和信息三者结合为一个办公体系，以计算机为中心，采用一系列现代化的办公设备和先进的通信技术，构成一个服务于办公业务的人机信息处理系统。它通过广泛、全面、迅速地收集、整理、加工、存储和使用信息，使办公系统内部人员方便快捷地共享信息，高效地协同工作，改变过去复杂、低效的手工办公方式，为科学管理和决策服务，从而达到提高行政效率的目的。其实质就是用信息技术把办公过程电子化、数字化，创造一个集成的办公环境，使所有的办公人员都在同一个桌面环境下，一起使用先进的机器设备和技术，充分利用各种信息资源，使办公业务从事务层进入管理层，甚至辅助决策层，将办公和管理提高到一个崭新的水平，更好地为提高执政能力、建设生态文明服务。办公自动化强调三点：① 运用先进的科学技术和现代办公设备实现 OA；② 需要建立办公人员和办公设备构成的人机信息处理系统；③ 提高办公效率和质量是 OA 的目的，切不可图有办公自动化虚名，闲置大量的电子办公设备。

32. 办公自动化具备哪些主要功能？

（1）建立内部通信平台。即办公机构内部的邮件系统，使内部的信息交流快捷通畅，这些通信既可以是对话式的工作沟通，也可以为书面文件传达整体工作思路。

（2）建立信息发布平台。在办公机构内部建立一个有效的信息发布和交流的场所，例如电子公告、电子论坛、电子刊物，使内部的规章制度、新闻简报、技术交流、公告事项等能够在机构内部得到广泛的传播，使工作人员能够适时了解单位的发展动态。

（3）实现工作流程的自动化。将办公机构内部存在的大量流程化的文件收发、公文处理、审批、请示、汇报等，通过实现流程自动化来规范，以提高协同工作的效率，特别是越高规格的机关，办公人员出差几率越大，用传统的办公模式审批一份公文，可能因上下级不能见面汇报而延误，若实现办公自动化就可以轻而易举地解决这个难题。

（4）实现文档管理自动化。将包括文件、知识、信息等各类文档按权限进行保存、共享和使用，并提供方便的查找手段。

（5）实现辅助办公。将会议、车辆、物品和图书管理等日常事务性的工作纳入办公自动化范围。

（6）实现信息集成。将业务系统里的信息源综合集成，使相关人员能够有效地获得整体的信息，提高反应速度和决策能力。

（7）实现分布式办公。支持多分支机构、跨地域的办公模式以及移动办公。地域分布越来越广，移动办公和跨地域办公的需求就越高。

33. 办公文档电子化的意义何在？

在党政机关和企事业单位中每个部门都有大量的文档，在手工管理的情况下，这些文档都因不同工作性质分属具体工作人员而保存在每个人的文件柜里，因此，文档的保存、共享、使用和再利用相对比较困难。另外，在手工管理的情况下，文档的检索存在非常大的难度，文档多、存放杂，有的文档虽然集中管理，但保管员不清楚文档类别，只是按年度或部门笼统归纳，甚至按文件柜编号堆放，导致需要使用的材料不能及时找到，甚至找不到。办公自动化使各种文档实现电子化，通过电子文件柜的形式保管文档，按权限进行使用和共享。比如，某个单位已建立电子文档，新来了位工作人员，管理员只需给他注册一个身份文件，并告知他口令，只要他的身份符合可以阅览的权限，他自己上网就可以查到这个单位积累下来的文件，这样就减少了很多因人设置的环节，解决了多岗位、多部门在文档之间高效协同工作的问题。

34. 什么是电视会议？

电视会议是用电视和电话在两个或多个地点之间举行会议，实时传送声音和图像的通信方式，它同时还可以附加静止图像、文件、传真等信号的传送。参加电视会议的人，可以通过电视发表意见，同时观看对方的形象、动作、表情等，并能出示实物、图表、模型等实拍的电视图像，或者显示在黑板、白板上写的字和画的图，使在不同地点

参加会议的人感到如同和对方进行"面对面"的交谈。电视会议经历了模拟电视会议和数字电视会议两个阶段。模拟电视会议是早期的电视会议，在20世纪70年代就有了这种通信手段，当时传送的是黑白图像，并且只限于在两个地点之间举行会议，尽管如此，电视会议还是要占用很宽的频带，费用很高，因此这种电视会议没有得到发展。数字电视会议是20世纪80年代出现的，是在数字图像压缩技术的发展中研制出来的，它占用频带比较窄，图像质量也比较好，逐步取代了模拟电视会议，正是基于这种优势，某些地区、行业、部门还形成了电视会议网。但由于各地使用的标准不一，难以实现国际电视会议。1988—1992年，国际电报电话咨询委员会在研究各国电视会议的基础上，形成了国际电视会议的统一标准（H.200系列建议），为国际电视会议提供了条件。

35. 电视会议的特点有哪些？

电视会议在建设资源节约型、环境友好型社会的大背景下，可以节省大量的差旅费、食宿费和会务费，是办公活动中节能减排、低碳经济的一种具体形式，并且可以在办公自动化、现场指挥调度、紧急抗灾救援等许多方面发挥作用，因此有较好的发展前景。其特点是：

（1）传输图像清晰，效果逼真。电视会议可以利用电视技术和设备，将一个会场与会人员的形象及发表的意见传达到另一会场，实现与对方会场的与会人员即时进行研讨磋商，在效果上完全可以代替现场会议。

（2）使用方便简单，节省时间，降低成本。电视会议如果是报告会，布置一个主会场即可，其他分会场只要能听会就行，可以减少每个会场都投入人力物力安排主席台、发言席等来营造会议氛围。如果是商务会，也许会场相隔万里，但与会者仍可以清晰地从电视屏幕上看到与会对方的图像，听见对方的声音，并与之进行交谈，有效地节省了会议组织单位经费的支出、参加会议人员的时间，同时降低了出差的风险。

（3）使用安全可靠。视频信息主要通过专网传递，信号不会被公共电信接收，可以保证会议的保密性。

36. 什么是电子邮件？

电子邮件（Electronic Mail），又称电子邮政，简称E-mail，标志：@，是一种用电子手段传送信件、资料、报表等信息的通信方法。它综合了电话通信和邮政信件的特点，传送信息的速度和电话一样快，又能像信件一样使收信

者在接收端收到文字记录。电子邮件系统又称基于计算机的邮件报文系统，它参与从邮件进入系统至邮件到达目的地为止的全部处理过程，不仅可利用电话网络、电视网络，而且可以利用移动通信等任何通信网络传送。通过网络的电子邮件系统，办公人员可以用低廉的价格：不管发送到哪里都只需负担电话费和网络费即可；以非常快速的方式：几秒钟之内可以发送到世界上任何指定的目的地，这些电子邮件可以是文字、图像、声音等方式。电子邮件还可以进行一对多的邮件传递，同一邮件可以一次发送给许多人，许多不同邮件也可以从不同地点同时发送给同一个人。最重要的是，电子邮件是整个网络间以至所有其他网络系统中直接面向人与人之间信息交流的系统，它的数据发送方和接收方都是人，所以极大地满足了大量存在的人与人之间通信的需求。正是由于电子邮件的使用简易、投递迅速、收费低廉、易于保存、全球畅通无阻，使得电子邮件被广泛地应用，使人们的交流方式得到了极大的改变。1987 年 9 月 14 日 21 时 07 分，中国第一封电子邮件 "Across the Great Wall we can reach every corner in the world.（越过长城，走向世界）" 从北京发往德国。

37. 怎样选择电子邮箱？

电子邮箱要根据不同的目的，有针对性地选择。① 如果需要经常与国外收发邮件，可使用国外的电子邮箱，比如 Gmail，Hotmail，msnmail，Yahoomail 等。② 如果是想当做网络硬盘使用，经常存放一些图片资料等，就应该选择存储量大的邮箱，比如 Gmail，Yahoomail，163mail，126mail，yeahmail，TOMmail，21CNmail 等。③ 如果经常需要收发一些大的附件，Gmail，Yahoomail，Hotmail，msnmail，163mail，126mail，Yeahmail 等都能很好地满足要求。④ 若是想在第一时间知道新邮件，则可使用中国移动的移动梦网随心邮和中国联通的如意邮箱，当有邮件到达的时候会有手机短信通知。⑤ 如果只是在国内使用，选择 QQ 邮箱能通过 QQ 发送即时消息。⑥ 选择支持 POP/SMTP 协议的邮箱，可以通过 outlook，foxmail 等邮件客户端软件，将邮件下载到硬盘上，这样就不用担心邮箱的大小不够用，同时还能避免别人窃取密码偷看信件。⑦ 还可以根据所在区域选择地方性的邮箱，比如，北京可以选择千龙网邮箱，广州可以选择 21CN 邮箱。⑧ 使用收费邮箱要注意邮箱的性价比，目前网易 VIP 邮箱、188 财富邮都很不错，提供多种名片设计方案，非常的人性化。⑨ 也可以使用宽带服务商提供的邮箱，比如，铁通用户可以选择 68CN 企业新时速邮箱。

关于邮箱支持发送接收附件的大小其实有一个误解：很多人认为一定要大，一般来说发送一些资料附件都不超过 3MB，附件大了可以通过 WinZIP、WinRAR 等软件压缩文件以后再发送，现在的邮箱基本上都支持 4MB 以上的附件，知名的邮箱已提供超过 10MB 的附件收发空间。还有一个不容忽视的问题是发件邮箱支持大的附件，收件邮箱如果不接受大的附件也毫无意义。

38. 什么是网络传真?

网络传真是一种新兴的传真通信方式,它将互联网与电话、传真机、打印机相结合,不需要另置硬件设备和安装终端插件,依靠互联网发送传真。使用网络传真,办公人员可以通过网络将各种电子文档,方便快速地发送到全球各地的传真机上,或把书面文件通过传统的传真机发送到电脑上,而群发功能还能实现同时多地址发送,提高办公效率。网络传真既可以保存传真内容,也可以查询发送记录,还可以保留对方印章,作为有法律效用的办公凭证,更重要的是改变了传真机对传真机的传统运作方式,在这个多数办公室和家庭都拥有计算机的时代,节约了操作设备、办公经费和纸张,使传真告别用纸质时代,实现无纸化办公,让办公变得更加绿色、环保、低碳。

39. 什么是政府门户网站？

所谓政府门户网站，是指在政府部门信息化建设的基础上，建立起跨部门的、综合的业务应用系统，使公众、企业与办公人员都能快速便捷地了解相关政府部门的业务应用、组织内容与信息，并获得个性化的服务。它的建立不要求各政府部门已经实现网络化办公，只要具备完善的内部办公与业务信息化管理应用系统即可。政府门户网站不仅是政务信息发布平台和业务处理平台，而且也是知识获取平台、知识加工平台、知识决策平台的集成，它使政府各部门办公人员之间的信息共享和交流更加流畅，通过数据挖掘、数据加工而使零散的信息成为知识，为行政决策提供充分的信息和知识支持。所有的政府门户网站都是政府网站，但并不是所有的政府网站都是门户网站。而且，

政府门户网站意义上的"政府"的含义，已经不再是传统意义上的"政府机构"了，它已经超越了现有的实体政府机构，成为一种虚拟的"超级政府"。

40. 政府门户网站是如何发展起来的？

政府门户网站的发展直接受益于互联网门户网站以及企业门户网站的发展。大约从2000年开始，在一些信息基础设施条件比较完善、电子政务较为发达的国家，电子政务开始走出相互独立、各自为"政"的旧制。这些国家已经认识到，要求民众去浏览每一个政府网站才能办成一件事情是对民众的不友好，这与要求每个人必须亲自到每个政府机构才能办成事情其实没有什么区别。因此，这些国家在一个统一的政府网站下，将比较分散的各类政府网站综合到一个协调一致的目录下，根据特定用户群的需求开发一系列集成的政府服务项目，政府门户网站开始作为提供政府服务的唯一的电子政务网站。目前，政府门户网站还处于发展当中，各国的做法也存在着很大的差别，从发展程度来看，总体上还处于主要是按照业务流程的需要，通过技术手段将各政府机构串联起来，但是也有部分业务已经实现了在线实时处理，新加坡的"电子公民"网站就是这方面的代表。从国际政府门户网站的发展来看，美国、英国和新加坡三国的做法具有典型性，包含许多网络条件下政府行政管理与服务的制度创新。

41. 什么是第一政府网站?

"第一政府网站"(www.firstgov.gov)是美国联邦一级的政府门户网站,于 2000 年 6 月开始建设,已经成为全球功能最为强大的超级政府网站。美国是电子政务最为发达的国家,政府网站的数量也最多,共有两万多个,这些政府网站的内容非常丰富,页面数量多达几千万,一般的公民很难通过网络搜索来准确快捷地获得政府服务,这就需要门户网站加以引导。作为联邦政府唯一的政府服务网站,该网站整合了联邦政府的所有服务项目,并与许多政府部门,如立法、司法和行政部门建立了链接,同时也与各州政府和市县政府的门户网站都有链接,允许同时搜索全部 2 700 万网页。"第一政府网站"所要达到的首要目标是客户只需点击三下即可找到各类政府信息与服务,通过关键词、主题或机构进行搜索,可以在不到 1/4 秒的时间内搜索到 0.5 兆的文件。从这个意义上讲,该网站与联邦各职能部门、州及市县级政府网站实际上就构成了一种前台与后台的关系,任何企业和公民通过前台网站,都可以找到美国政府部门提供的服务。从内容分类来看,该网站一方面按地区划分,囊括了全美 50 个州以及地方县、市的有关材料及网站链接;另一方面又按农业和食品、文化和艺术、经济和商业等行业来划分,各行各业的有关介绍及网站也是随点随通。该网站的设计非常有特色,它将政府服务分为三类:对公民的在线服务(online services for citizens）、对企业的在线服务（online services for business）以及对政府机构的在线服务（online services for governments）。每一类又分为诸多项目，如"对公民的在线服务"就包括申请护照、天气预报、彩票中奖号码等；"对企业的在线服务"包括在线申请专利与商标、商业法律与法规、转包合同等；"对政府机构的在线服务"包括联邦雇员薪水册、联邦雇员远程培训以及联邦政府职位等。这种设计简单明确，任何一个寻求政府在线服务的人都可以很方便地找到所需要的服务。

42. 英国政府门户网站系统是如何组成的？

2000年12月，英国政府开发出一个服务内容更多、搜索更方便、功能也更为强大的单一的政府服务门户网站系统，由"政府虚拟门户"网站（www.gateway.gov.uk）和"英国在线"网站（www.ukonline.gov.uk）组成。"政府虚拟门户"网站是一个为了让公众和企业获得政府在线服务而进行登记注册的专门网站，它可以使公民和企业通过一个单一的入口同政府的多个部门进行沟通和实现在线办理行政事务，已经在"政府虚拟门户"网站运行的主要服务项目中，包含国内个人所得税在线征收和部分增值税的在线返还等内容。该网站是提供"集成化政府"服务战略的一个重要组成部分，与"英国在线"网站形成了一种"前台—后台"关系。"英国在线"网站不仅将上千个政府网站链接起来，而且把政府业务按照公众需求进行组合，使公众能够全天候地获得政府部门的在线信息与服务，该网站的内容分为五大块：生活频道、快速搜索、在线交易、市民空间、新闻天地，向用户设置了11个主题的服务，用户无须考虑各政府部门的职责和分工。

43. 什么是电子公民中心？

"电子公民中心"是新加坡政府门户网站，始建于1999年4月，其目的是将政府机构所有能以电子方式提供的服务整合在一起，并以一揽子的方式轻松便捷地提供给全体新加坡公民。"电子公民中心"将一个人"从摇篮到坟墓"的人生过程划分为诸多阶段，在每个阶段里，你都可以得到相应的政府服务，政府部门就是人生旅途中的一个个"驿站"。目前网站里共有九个"驿站"，涵盖范围包括：商业贸易、国防、教育、就业、家庭、医疗健康、住房、法律法规和交通运输，每个"驿站"都有一组相互关联的服务包，例如，在"就业驿站"里可以找到这些服务包："雇佣员工"专为雇主设计、"寻找工作"专为求职者设计、"在新加坡工作"专为外国人提供，还有"退休"和"提高技能"等。而且这些"驿站"还把不同政府部门的不同服务职能巧妙地联系在一起，例如，在"家庭"驿站里，"老人护理"服务包来自卫生部，而"结婚"服务包则来自社区发展部。

44. 什么是政府电子商务中心？

"政府电子商务中心"实际上就是新加坡政府的计算机网络采购系统，于2000年12月正式开通，它把新加坡政府机构各部门的财务系统与采购软件整合到一起进行采购工作。"政府电子商务中心"采购过程通常是，政府部门的贸易伙伴在特定网页上得到政府的采购信息、招标邀请并购买招投标文件，然后供应商通过网络提交产品目录、参与采购竞标，最后交货方还可以在网上检查付款情况。它同私营部门的B2B交易中心一样，也是通过来自世界各地的众多供应商的激烈竞争而获得价廉物美的产品。通过网上下单不仅可以节约更多的时间，还能够规避商业寻租；通过更低的库存不仅可以降低成本，而且可以减少生产风险。目前，新加坡政府通过"政府电子商务中心"采购的年度产品价值已经达到1.1亿美元，今后还要求将80％的政府采购都搬到"政府电子商务中心"上来。

绿色采购

45. 什么是政府绿色采购?

　　在我国，政府绿色采购是依据《中华人民共和国政府采购法》，该法第九条明确提出"政府采购应当有助于实现国家的经济和社会发展政策目标，包括保护环境……"的法律条文，由财政部、环保部联合发布的《关于环境标志产品政府采购实施意见》和《环境标志产品政府采购清单》

来具体指导实施的。目的是对党政机关和事业单位使用财政性资金的采购行为进行环境保护引导，其实质是通过政府庞大的采购力量，优先购买对环境影响较小的环境标志产品，促进企业环境行为的改善，提升企业在生产过程中资源的有效利用和污染治理，同时在引导绿色消费方面对社会起到巨大的推动和示范作用。从现实情况看，政府采购中有大量的办公用品，强化这一采购的绿色内涵，可以优化相关的产业结构。从国际经验看，政府绿色采购对可持续消费，乃至可持续生产发挥着显著的引导作用。据联合国统计署调查，84％的荷兰人、89％的美国人、90％的德国人在购物时，会优先考虑选择环境友好型产品，消费者的绿色取向促进了绿色消费市场的形成，提高了公众的环境意识，这些国家的政府绿色采购无疑发挥了重要的表率和引领作用。

46. 政府绿色采购包括哪些主要内容？

真正意义上的政府绿色采购是一项系统工程，内涵极为丰富，不仅存在于决策与执行、调控与监督之中，而且存在于办公过程之中，体现出政府机构在保护生态环境的方方面面都可以有所作为，简而言之，主要包括两大部分：

（1）办公用品。包括室内的电话、电脑、打印机、传真机、复印机、碎纸机、吸尘器、照明设备和各种小型工具等，室外的各种车辆、小型船舶等，以及办公自动化系统设备。

（2）办公设施与装修。这方面的领域更加广泛，如党政机关和事业单位的办公设施，不仅对办公家具的木材、配套金属及塑料零件、黏合剂和表面漆等有严格的环保标准，就连木材产地也有要求；节能型门窗玻璃，不仅材质应是中空的，并且具有隔热和隔声性能；再如装修所用板材必须既轻又防腐，且无有害物质释放等，同时安装和服务也必须绿色达标。

47. 政府如何实施绿色采购？

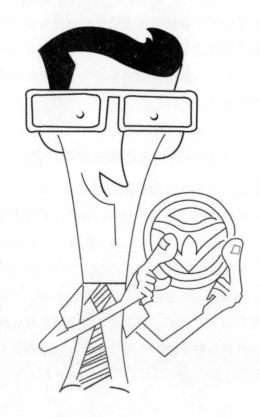

倡导政府绿色采购是发达国家鼓励绿色消费的一项重要措施。从国际经验看，环境标志产品是各国制定绿色采购产品标准和指南的重要基础，为了核查和审计的方便，许多国家都将环境标志产品与政府绿色采购产品挂钩，政府绿色采购产品指南的制定都以环境标志产品为依据，要求政府采购环境标志产品。因此，环境标志产品认证成为推动政府绿色采购制度的基础。此外，还要建立并完善监督制约机制，对环境标志产品认证实施全过程质量监控，确保大到国有大中企业，小到私营小厂的环境标志产品都名副其实。我国也正是借鉴了国际经验，从 2006 年起，由财政部、原国家环境保护总局联合发布并实施了《环境标志产品政府采购实施意见》。

48. 什么是绿色清单法采购？

所谓绿色清单法是指政府在工程、货物和服务的采购中，为了达成节能与环保等绿色目标，基于政府认定的节能与环保标准，收集和监测相关产品或服务的节能与环保功能，形成政府确认的节能与环保产品清单，政府采购人员或机构在采购与节能环保有关的产品时，需要参考或遵循这个清单的规定，优先或者按照清单列举的产品进行采购。绿色清单法最大的优点在于，它能够将政府的政策意向或流于表面的要求落到实处，使采购人员或机构在采购节能与环保产品时有了明确的依据，是一种务实有效的方式。但是，这种方式如果使用不好，也会造成另外一些问题，如列入清单的产品是否真实、全面地反映实际情况，列举的过程是否科学、公正及合理合法，如果不能做到这些，就可能产生不公正和不客观，从而会导致事实上的歧视行为，还可能在清单列制过程中，产生权力寻租和腐败行为，从而影响政府采购的公正性和实际效果。

49. 绿色清单法有几种类型？

绿色清单法在具体执行时，可以分为三种情况：

（1）指导性清单。主要起指导性而不是强制性作用，它要求政府采购人员或机构在进行与节能环保相关产品或服务采购时，应该优先考虑采购列入节能与环保清单的产品。

（2）强制性清单。即政府采购相关产品时，必须遵循节能与环保的要求，按照绿色清单指定的产品采购。

（3）政府禁止采购清单。政府通过监测和考察，将一些明显不利于节约能源和破坏环境的产品，纳入政府禁止采购清单，这种清单方式，对于避免政府采购不符合社会公众利益与环境保护要求的产品具有极为重要的作用。

需要说明的是，在一般情况下，清单法主要的功能应该是指导性的，因为政府的采购可能要达成多种目标，而节能与环保只能是多种目标中的一部分，何况清单所列的产品并不一定也不可能具有完全的权威性。

50. 什么是绿色标准法采购？

绿色标准法是政府并不直接列出节能与环保清单，而是由国家相关标准管理部门从节能、增效、环保等多个方面，对产品或服务制定明确的采购标准，规定政府采购必须遵循标准，限制或禁止采购标准以下的产品或服务。绿色标准法无论在政策导向上，还是在具体操作方面，都能更好地起到标准规范的作用，不存在供应商的产品可能出现符合标准而因未纳入"优先采购清单"受到忽视、排挤和歧视，可以避免政府在列举清单过程不可能包含全部节能与环保产品的局限性，也可以避免虽然纳入清单而在节能与环保方面实际功能并不突出的可能。应该说，在防止形成歧视行为及制订清单时出现寻租行为方面，绿色标准法显然要优于"清单法"，因为绿色标准法更注重的是标准，给采购者提供的是某种标准而不是某种特定的产品，两者从要领和效果上都大不相同。但绿色标准法中的标准一定要按照国家行业标准分类、分项，要统一、客观、准确，具有可操作性，在产品标准的内容上也要充分体现节能与环保要求。政府采购的节能与环保标准，也会给社会其他主体的采购提供参考标准，能在更大程度上促进政府采购在产业发展上的导向。绿色标准法中的标准可以分为参考性与强制性两种，强制性是必须执行的标准，而参考性标准是作为一种优先采购的指导。

51. 什么是绿色权值法采购？

绿色权值法是在综合评分法中增加节能与环保项目的评价，设置节能与环保分数，并增加节能与环保在总评价中的权值。一般而言，产品的性能与价格是总评价中的主

要因素。而节能与环保作为推动科学发展，促进社会和谐的重要因素，会随着社会的进步变得愈加重要，其权值也会逐步增加。绿色权值法优点在于每一次政府绿色采购，都能够进行具体的节能与环保评价。它既可以考虑到节能与环保因素，又可以不受某种特定的清单制约，不会完全局限于节能与环保一项指标，而只是把节能与环保当做影响采购的一个因素，根据总体情况和总体需要进行灵活操作。其缺点是因为没有具体标准或者没有政府明确的清单和强制性，对具体操作过程中的技术要求及管理要求较高，并可能会在操作中出现较强的随意性。对此，在政府采购中也可以采取一种新的综合评价法，即规定任何涉及能源消耗或者环境保护的产品与服务的采购，都必须设置节能与环保作为权值因素，并规定权值的最低百分比。

52. 什么是绿色成本法采购？

成本因素通常会在采购中占有极为重要的地位，对于政府采购而言，如何考虑成本因素，如何计算成本不是一个简单的问题。因为政府采购不同于其他社会主体的采购，不能只关注货币成本，还必须关注其他如社会成本、环保成本、机会成本等因素，综合考虑政府采购和使用某些产品与服务所付出的代价，形成一种特定的成本概念，即绿色成本概念。一般情况下，绿色成本因素主要包括：① 因不节能而增加的开支；② 因环境污染而产生的社会成本并为消除污染而间接产生的货币成本；③ 因采用某种物品或服务的某种功能而损失该物品的其他功能作用所导致的损失，如较多地采购木材做建筑材料，也许木材本身的价格并不贵，但因为树木的消失会使树木碳汇等其他极其重要的环保功能同时消失，形成一种无形的环保代价。绿色成本法采购避免单纯考虑和计算在采购时所支付的货币成本，而是必须考虑环保成本，特别是要降低环保成本。绿色成本法重要的是在政府采购管理与实施过程中，要树立环保成本概念和意识；形成环保成本的评价和计算体系，为了降低环保成本，政府采购需要制订一系列的环保成本限定内容和标准，寻找节能与环保替代产品，如限制采购诸如木材、纸张等环保成本高、代价大的产品或服务，公务用车尽可能社会化服务，减少大量购置小型汽车，特别是大排量汽车，用于降低能源消耗。

53. 什么是绿色优惠法采购?

绿色优惠法是指在政府采购中通过政府的政策，规定采购时在保证需要的基本功能前提下，对具有节能与环保优势的产品或服务实行优先采购或优惠价格。这种优惠可以体现在优先签约或价格优惠上。例如，我国台湾地区"政府采购法"第九十六条规定："政府在招标文件中，需要规定优先采购取得政府认可的环境保护标准的产品或服务，在其效能相同或者相似的条件下，符合环保标准的产品或服务允许获得 10%以下的差价优惠。"并规定"产品或其原料制造、使用过程及废弃物处理，符合再生材质、可回收、

低污染或节省能源者享受相同优惠"。绿色优惠法实际上也是"绿色鼓励法",供应商提供了绿色产品或服务,可能会发生相应的成本,因而也应该得到相应的回报。同时,因为对于节能与环保产品有价格优惠,又能在很大程度上鼓励供应商生产和提供节能与环保的产品,在一定程度上更能适应市场经济规律,推动低碳经济的发展。

54. 什么是绿色资格法采购?

绿色资格法是指政府采购在对供应商资格审查过程中,通过对供应商参与政府采购资格的限制,发挥促进节能与环保的作用。政府采购的基本程序是对参与政府采购竞争的供应商进行资格审查，为了贯彻节能与环保政策，政府可以将供应商的节能与环保情况列入资格准入因素。绿色资格法的特点是不仅对于产品本身有节能与环保要求，而且对其生产和制造过程也有节能与环保要求，使绿色采购要求贯穿产品或服务的整个生命周期。

55. 什么是周期成本法采购？

所谓周期成本法是以产品发挥功能作用的整体生命周期内的成本作为考核的依据。采购学上把产品或服务的成本分为采购成本和使用成本两部分，政府需要的产品或服务在发挥功能作用时，不仅需要花费采购成本，还可能在使用过程中发生使用成本。从结构上看，采购成本与使用成本会有不同的组合方式，有些产品采购成本低而使用成本高，有些产品采购成本高而使用成本低。政府采购在权衡成本高低时，应该主要以整个寿命周期成本最低为目标，而不单纯考虑采购成本或使用成本。树立生命周期成本观念，在于建立一个完整的成本概念，促进政府采购对社会的节能与环保方面产生重要的作用。因为对于节能与环保产品而言，也许因为具备环保功能而增加采购成本，造成采购价格有所上升，但因其节能而使使用成本下降，并最终使生命周期成本整体下降。目前，许多政府采购过多地注意采购成本，围绕采购价格的高低展开竞争，忽视通过完整的生命周期成本测算方式，致使节能与环保的功能因素不能在政府采购竞争中充分体现出来。

56. 什么是绿色物流？

所谓绿色物流就是以减少资源消耗、降低环境污染为目标，利用先进的物流技术来规划和实施流通加工、包装配送、装卸搬运、仓储运输等物流活动，进而搭建生态物流链，是现代物流可持续发展的必然趋势。在推行绿色物流经营过程中收集和管理绿色信息，开展绿色加工，提倡绿色包装，选择绿色运输，与绿色生产、绿色营销、绿色消费等绿色经济活动紧密衔接，从物流环节体现环境保护的全球化。绿色物流的发展与政府的工作模式密切相关，凡是绿色物流发展较快的国家，都得益于政府的积极倡导。

绿色消费

57. 什么是绿色消费?

什么是
绿色消费?

　　绿色消费所包含的内容非常广泛,不仅包括"绿色物品"的生产,以及产品的回收利用,能源的有效使用,还包括对环境和物种的保护等,可以说涵盖物质生产行为和消费行为的方方面面,但首先是对"绿色产品"的消费。它是针对自工业革命以来,物质生产的飞速发展导致出现"高消耗、高污染、高消费"的不可持续发展模式,造成生存环境危机进行反思的基础上,伴随着社会大众环保和健康意识不断增强，提出实行"低消耗、低污染、适度消费"的一种新消费理念和可持续发展模式。这种生活方式以简朴、方便和健康为目标，一经出现便成为一种新的时尚。过去，人们不惜超出自身能力相互攀比，以占有大量高档商品为荣耀，这种奢侈的生活远远超出了合理需要，造成巨大浪费，伴随而来的便是环境污染。现在，随着人们的文明程度不断提高，消费观念和消费方式起了很大变化，越来越多的人抛弃过度消费，抵制恶性浪费，以返璞归真的心理追求简约的生活方式。这种生活既是摆脱物质贫乏时期低质量的需求，又是按生态文明的要求以获得最大满足为目标，它要求人们在购买物品和消费时，既有益于人类社会的健康发展，又有益于自然生态保护，是把建设资源节约型、环境友好型社会落实到每个单位、每个家庭的具体实践。

58. 绿色消费是如何提出的？

传统消费只满足人的物欲需求，忽视消费造成的环境污染日益严重，自然资源衰竭，生态遭到破坏，生物多样性减少，以致全球环境状况不断恶化。为了解决层出不穷的环境问题，绿色消费理念应运而生，它是人类对安全生活的理性选择和道德自律的结果，是人类发展绿色文明的必然要求。随着环保运动的深入开展，绿色消费已经得到国际社会的广泛认同，国际消费者联合会从 1997 年开始，连续开展了以"可持续发展和绿色消费"为主题的活动，日本也在 2001 年 4 月颁布了《绿色购买法》。1999 年，中国内贸局、财政部、卫生部、铁道部、质监局和原国家环保总局等部门依据《"十五"计划纲要》中明确提出的"重视生态建设和环境保护，实现可持续发展"的战略目标，根据国家经济发展的要求，结合我国消费进入"小康"的转型时期，工业化污染和不法经营造成有毒有害物质污染消费品，严重侵害消费者合法权益的现状，在全国范围内组织实施的以"提倡绿色消费，培育绿色市场，开辟绿色通道"为主要内容的"三绿工程"。它的含义主要是：①制定统一的消费政策和引导措施；②促进绿色消费数量的增长和产品结构的优化；③确立科学的、有益于人体健康的和环境保护的消费模式。2001年作为新世纪的第一年，中国消费者协会提出开展"绿色消费年"活动，并确定努力将这一主题贯穿于世纪消费。

59. 绿色消费的主要内容有哪些？

绿色消费的主要内容是在传统的单通道线性消费方式逆转后，对包括安全、环保、可持续这一系列概念的具体体现。绿色消费可以概括成"5R"，即节约资源，减少污染（Reduce）；绿色生活，环保选购（Reevaluate）；重复使用，多次利用（Reuse）；分类回收，循环再生（Recycle）；保护自然，万物共存（Rescue）。对此通常认为有三层含义：①倡导消费者在物质消费时选择未被污染或有助于公众健康的绿色产品，在精神消费时选择生态游、文明行或有益于社会的公益事业；②在消费过程中注重对垃圾的分

类、袋装、回收处理，减少对环境的污染；③引导消费者
转变消费观念，在选择舒适的生活方式的同时，崇尚自然、
追求健康、注重环保、节约资源和能源，形成保护生态环
境的消费模式，实现节能减排、建设生态文明的总目标。

60. 绿色消费的主要特点有哪些？

　　绿色消费的主要特点是：人们不再以大量消耗资源、
能源的方式来求得生活的舒适，甚至满足虚荣心，而是为
保障舒适生活的持久稳固，自觉地节约资源和能源。公众
在决定是否购买某种商品时，会越来越多地考虑如何将环
境和利益相结合，因而绿色消费是一种无害于环境和人类
的高层次的理性消费，它既不同于享乐主义的过度挥霍性

消费，又区别于苦行僧或禁欲式的单一消费和消费不足，具有深刻的生态伦理意蕴。具体地说：第一，绿色消费是一种可持续消费，有利于促进生态环境与社会的可持续发展，达到人与自然的和谐统一；第二，绿色消费是一种理性消费，有利于人类走出享乐主义等消费误区，提高生命质量，促进人的全面发展；第三，绿色消费是一种公平消费，有利于促进全球范围代内消费与代际消费的公正与平等，从环境的角度体现更广泛意义上的人类大同思想。

61. 绿色消费如何体现环保？

绿色消费体现环保主要是从消费"绿色产品"来表现。"绿色产品"是无公害、无污染、低耗能的产品，在生产过程中不浪费原材料，对环境污染较小；在使用过程中有利于健康，使用寿命长；在废弃后易于回收和处理，不会对环境造成二次污染。"绿色消费"首先是对"绿色产品"的消费，消费者通过选购无污染、低耗能的绿色产品，实现对"绿色产品"生产者——"环境友好型企业"的支持，促进了更多绿色产品的生产。具体而言，绿色消费的环保概念主要表现在以下三个方面：

（1）可再生及回收利用。我国每年产生的垃圾中近70％存在着可利用价值，将这部分垃圾作为原料进行再生产，不仅可以节约资源，减少垃圾的污染，而且能大大降低生产成本，更有助于产品的市场竞争，如利用废纸、废塑料生产再生纸、再生塑料。

（2）改善区域环境。有些产品，如一次性制品、电池、洗衣粉等在生产过程中就对环境造成一定的污染，在使用中和废弃后又对环境造成二次污染，难以降解，是水质恶化、土壤硬化的根本所在，随着重复使用电池、无磷洗衣粉的出现，将逐步减缓环境恶化程度并改善环境质量。

（3）保护人体健康。环境的污染必然造成食品的污染，从而危害人体健康，导致一系列的"中毒事件"、"二噁英污染事件"频频发生。"绿色食品"、"有机食品"的推出，对蔬菜生长中不施用化肥和农药任其自然生长，鸡、鱼、猪在生长过程中不使用抗生素、激素等药剂，并实行一套严格的食品安全标准，由此减少了对土地及食品的污染，保护了环境和人体健康。

62. 为什么说绿色消费具有生态伦理意义？

从社会哲学层面上来说，生态危机源于人类的心态危机，即人类日益膨胀的物质欲望，进而演化出高能耗的生产模式乃至经济结构，因而环境保护在本质上是一个生态伦理问题。消除生态危机，一个很重要的途径是从生态伦理层次上转变人们的消费道德观念，而绿色消费则是人类对自身消费行为进行深刻反思后的理性选择，它将人类的消费行为限定在不破坏生物圈的良性循环之内，这样就包含了深刻的生态伦理意义。绿色消费是一种权益，它保障当代人的安全与健康和后代人的生存与繁衍；绿色消费是一种义务，它提醒人们环保是每个消费者的责任；绿色消费是一种良知，它表达了人类对地球母亲的关爱；绿色消费是一种时尚，它体现出消费者的生态文明素养。

63. 什么是理性和符合道德的消费行为？

理性和符合道德的消费行为可以从三个因素来看：① 个人的消费行为是否有益于人的身心健康，是否符合人的全面发展的需要；② 个人的消费目标和利益的实现是否损害他人的目标和利益的实现；③ 个人的消费行为是否败坏社会风气，损害社会利益，影响社会风尚。因此，理性和符合道德的消费行为可以归纳为：

（1）理性和符合道德的消费行为与适度消费紧密相连，这是与现阶段生产力状况和社会经济发展相适应的，因而更加符合道德原则与审美意识，有益于社会、环境的和谐，有益于人的身心健康。

（2）理性和符合道德的消费行为注重生态价值导向，是人类健康生存、自由发展的前提和基础，符合人类本性和人的全面发展需要。

（3）相对于物质型消费和精神型消费而言，理性和符合道德的消费行为更注重精神型消费的比重，因为人的精神、灵魂的心理建构会促使人类在生命的更高层次上提升自己。

64. 什么是非理性的消费行为?

非理性的消费行为是在把社会综合发展直接等同于经济单一增长的理论支配下，人的价值观念发生了偏离，即重物轻人，对经济价值、消费享受过度地追求，导致人们走入享乐型消费误区，对能够高消费、多消费和超前消费的行为给予肯定，从而成为"拜物主义"的"单面人"。在这种行为的支配下，消费和人的真实需求完全失去了联系，甚至变成了一种畸形消费："花明天的钱，圆今天的梦"的超前消费成为一种时尚，"能挣会花"、"一掷千金"成了新生活的"偶像"，"勤俭节约"则成了"小农意识"的代名词。正是这种把无节制的消费对生产的促进作用无限夸大，使盲目的消费需求不断扩大，导致生产规模的虚高增长，进而消耗更多的自然资源。从这个意义上讲，"大量生产—大量消费—大量废弃"的生活方式，是造成环境恶化的主要根源，也是导致全球经济危机的重要诱因。

65. 什么是消费公平？

消费公平是指消费主体在消费自然资源和物质资料时应充分考虑到其他消费主体的消费权益，考虑消费活动对自然的影响，包括代际消费公平与代内消费公平两大层面。而现实中不公正的消费现象十分严重，占世界少数人口的发达国家，消费着世界上绝大多数商品，享受着世界上绝大多数的能源和资源。据统计，发达国家人口只占世界总人口的1/4，消耗的能源却占了世界总量的3/4，仅美国，人口不足世界的5%，却消费了占全球25%的商业资源，排放出 25％的温室气体。

66. 如何理解代内消费公平和代际消费公平？

79

　　代内消费公平是指任何国家、地区和个人的消费不能以损害别的国家、地区和他人为代价。也就是说，在自然面前，人类是一个利益共同体，所有人尽管国籍不同、种族不同、民族不同，但在"只有一个地球"问题上都是平等的。因而要求国与国之间，种族与种族之间，民族与民族之间，人与人之间应以一种平等、公正的关系共同履行对地球的责任，不能单纯从一方私利出发，对生态资源进行破坏性开采和利用，损害人类共同的、长远的利益。

代际消费公平是指当代人应自觉担当起不同代际合理分配与消费资源的责任。在资源的代际分配与消费中，后代人只能接受前人遗留下来的资源环境，对于不可再生的资源来说，当代人使用得越多，后代人可用的就越少。代际消费公平要充分考虑子孙后代的利益，可持续发展观的内涵就是当代人在满足其需要的同时，不能对子孙后代满足其需要的能力构成威胁，因为当代人不仅从前辈人那里继承了地球资源，而且从后代人那里借用了自然环境，所以当代人也应该给后代人留下生存和发展的空间。绿色消费承认后代人与当代人享有平等的生存与发展的权利，要求在进行消费时，以维持整个人类的长远生存和根本利益为道德准则，保障后代享用能够持续生存下去的自然环境和资源，这是当代人环境意识不断提高、忧患意识不断增强的明智之举。

67. 绿色消费主要反对哪些消费方式？

（1）反对线性消费方式。消费作为人类最基本的行为活动，对自然生态环境直接和间接地产生着巨大影响，这种影响通常都是负面的。消费活动意味着资源消耗和废弃物排放过程，消费者既是环境问题的制造者，又是环境问题的受害者。传统消费模式是一种"线性消费过程"，即经济系统致力于把自然资源转化成为产品，用于满足人们

提高生活质量的需求，由自然资源转化的产品用过之后便被当做废物抛弃。随着人们生活水平的提高，消费需求越高，生产的产品量会越大，消耗的资源也就越多，排放的废弃物量也就越大，因而形成了"消费需求—资源消耗—环境污染"的"线性模式"。这种消费加快了资源消耗和环境退化，显然是不可持续的。事实上，某一消费主体的废弃物很可能对另一消费主体具有使用价值，如办公室订阅报刊、起草文件都会产生大量的废纸，而这些废纸又可以化成纸浆生产再生纸。对废弃物进行再资源化处理，既减少了对自然资源的开发量，也减少了污染物排放量和处理处置污染物的负担。为此，消费者要通过重复使用和多层利用提高物质利用率；通过分类回收，促进废弃物的循环再用，提高废弃物的再资源化率。比如，买东西时自带购物袋，差旅时自备水杯和牙刷，保存食物时多用密封盒少用保鲜纸，随身带手帕以减少纸巾的使用，尽可能维修坏了的物品，把废弃物卖给回收站或分类放置。总之，要一物多用，不要用过即扔，要物尽其用，不要抛弃尚能发挥作用的物质，要变废为宝，使废弃物成为可再用的资源。这样做，单位资源创造的财富就会更多，对自然资源的索取就会更少，对环境保护的贡献就会更大。

（2）反对过度消费。过度消费行为不仅增加了对资源的索取额度和对环境的污染荷载，而且助长了人的思想滋生消费主义和享乐主义，其示范效应还加剧了相对贫富差距感，对社会安定和谐造成潜在的不稳定性。一直以来，工业化进程较快的国家，比较普遍地存在着过度消费倾向，全球消费的破坏臭氧层的受控物质中，工业化国家的消费量占 86%，二氧化碳的排放量也占全球总排放量的 75%，可见碳减排的重点国家是工业发达国家；全球现有的有害废弃物也主要来自工业化国家，其产量占世界总量的 90%。当然，在发展中国家也存在着过度消费的现象，比如我国公务接待中的高餐标、多陪同，民间流行婚丧大操大办、大吃大喝等这些行为既浪费资源，又影响人体健康，对人对己对环境都是弊大于利，应该从多种渠道、采取多种手段加以限制。

68. 如何使绿色消费成为高质量的消费？

早在 19 世纪，恩格斯就将人类的消费需要分为生存、享受、发展三个层次。随着经济的发展，社会的进步，人们越来越关注外部环境对自身健康的影响，对无污染、无隐患、高品质的绿色产品需求与日俱增，这种由简单到复杂、由低层向高层的逐次变化，反映着人类消费质量的不断提高。绿色消费的普及，说明消费类型正在由生存型和享受型逐步地向发展型过渡，就是要从消费的角度走生产发展、生活提高、生态保护的可持续发展道路。绿色消费概念一经问世，便立刻受到广大消费者的认同、肯定和青睐，"花钱买健康"就是这种消费需要的现实反映，也是消费向更安全的层面迈步的表现。只有当绿色消费是科学消费的时候，才能从科学意义上提升健康消费的水平，才能使消费需求不仅包括物质需求和精神需求，还包括全球化的生态需求。

69. 绿色消费为何不单单是消费绿色？

绿色消费是个新颖概念，也是个世纪主题。按照目前对绿色消费通俗化的解释，它至少应包含以下几个要素：

（1）选择绿色产品，即选择无公害、无污染的安全、健康、优质产品。

（2）加强环境建设，在消费过程中通过科学的选择减少对环境的污染。

（3）注重资源保护，包括对资源的节约、重复利用。

（4）转变消费观念，真正认识到绿色消费不仅要满足当代人的消费需求和安全健康，还要满足子孙后代的消费需要和生存发展，进而实现可持续消费。

由此可见，消费绿色只是绿色消费的一项内容，至多满足第一要点，而不是绿色消费的全部内涵。无论是个人消费行为还是社会消费行为，无论是消费者还是生产者、经营者，对绿色消费都应该全面把握概念的内涵和外延，绝不能孤立地、静止地、片面地去狭义理解，否则就会对社会产生误导，将消费绿色等同于绿色消费。这种偷换概念的现象，在当前营销市场上，常常被商家运用，损害了绿色消费的信誉及宗旨。

70. 为何提倡办公族消费绿色食品？

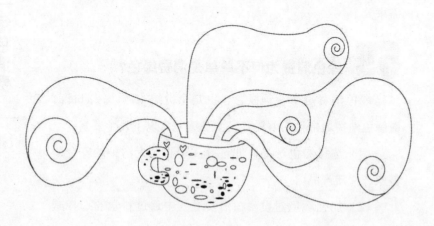

在当今的现实社会中，较为常见的不良消费方式，如快餐、喝酒、吸烟等。快餐食品大多含高热量、高脂肪、高蛋白，西式快餐更是如此，长期食用会使人体内蓄积过多脂肪而发胖，增加糖尿病的危险；吸烟和酗酒除了危害人体健康，还会影响空气质量和增加粮食消耗。办公族相对于其他消费者而言，是一个特殊的消费群体，这个群体招待宴请的频率和规格要高过其他人群。提倡办公族消费绿色食品，少吃快餐、不酗酒、不吸烟，既有利于个人的身体健康，也可以从消费方式促进绿色食品产业的发展，减少使用化肥和农药对环境的破坏。而不食用珍稀动植物及其制成品，保护珍稀动植物既有利于维护物种的多样性，又可由生物多样性带来社会稳定性，有利于全球的可持续发展。

同时也应注意到，绿色食品只有不断加大科技含量，不搞假证贴牌产品，从"绿色"的根本上增强市场竞争力，才有可能吸引办公族的消费潜力。

71. 公务消费应在哪些方面进行改革？

（1）制度化。公务消费要以周密的、操作性强的制度来堵住公务消费的漏洞，要在科学界定公务消费范围的基础上，明确各项具体的接待标准、条件、范围、程序等，使公务消费有章可循，有规可依，在条件成熟的情况下，把有关规定上升为法律，提升其效力和约束力。

（2）货币化。公务消费货币化是市场经济条件下规范和改革公务接待的基本取向。要遏制和消除公务消费中的腐败与浪费现象，就要尽可能使公务消费以货币形式表现出来，如公务接待、差旅费、考察费等均应该在科学核定的基础上，以货币形式计算并包干到个人，实行限额消费，超支不补，节约有奖，其中一些可量化、易操作的消费，还可直接以货币形式发给办公人员，这样可以强化公务消费中的成本意识、效率意识和自律意识。

（3）个体化。公务消费要由现在的"大锅饭"式消费变为个体化消费，要尽可能落实到具体的人，无法量化到人的，则要尽可能量化到具体单位或项目。

（4）市场化。公务消费市场化是指要在公务消费中引进市场机制，凡是能够由市场提供的消费尽可能由市场提供，按照市场化原则，引入市场机制和竞争机制，采用政府采购方式向社会公开招标。

（5）公开化。公开透明是最有效的"防腐剂"，要防止公务消费中的腐败现象，加大公务消费的公开力度是必由之路，要把各部门、各单位、各项目的公务消费范围、条件、标准、总额等制度规范向社会公开，把各机关单位、各领导及一般办公人员的各项具体公务消费数额、内容、地点、方式等细节向社会公开，逐步实行公务消费公示制度。

72. 何谓"三公"经费？

所谓"三公"经费，是指由国家财政性资金支出的因公出国（境）经费、公务接待费、公务用车购置及运行费。

长期以来，"三公"经费没有公开透明，不但在全社会争议不断，同时还给党政部门带来负面影响，让"三公"经费成为滋生一些腐败的"温床"。因此，"三公"改革已成为当前公共行政领域需要重点解决的问题之一。

公车消费在"三公"经费中占比最大，据统计，2004年，全国公车消费财政资源4 085亿元，占当年财政收入的13％以上，远远超过中国军费的开支，也大大超过全国教育经费和医疗经费之和。2011年，中央部委已经公布的"三公"经费各项开支数据中，公车费用占到了六成以上，北京市甚至占到了八成；同年，中央公务用车问题专项治理工作领导小组公布：全国党政机关违规车辆共有17.95万辆。由此可见，公车改革势必成为"三公"经费改革的重头戏。

近二十年来社会对公车改革的呼声越来越高，公车私用的现象不仅成为"三公"经费的沉重负担，而且因公车引发的交通和腐败问题也日益严重。但是，公车改革至今没有形成一个完整体系，即使有些地方政府实施货币化公车改革，因为缺乏有效的考量、约束和监督机制，成为领导干部变相增加福利手段，争议颇多，举步维艰。2012年国家发展和改革委员会等17部委共同制定的《"十二五"节能减排全民行动实施方案》表示，将加快推进公务用车制度改革，全国政府机构公务用车按牌号尾数每周少开一天，开展公务自行车试点。

73. 为什么要将公务接待费用纳入预算管理？

　　当前公务接待领域的浪费、奢华、腐败行为，已引起社会的广泛热议和党中央的高度重视，为实现建设节约型机关的目标，切实提高公务接待能力和服务水平，促使广大机关工作人员努力杜绝铺张浪费行为，勤俭办理一切事务，树立良好政风，中共中央办公厅、国务院办公厅印发的《党政机关国内公务接待管理规定》是规范党政机关公务接待，推进行政管理体制改革、反腐倡廉、改进机关作风的新标尺。将公务接待费用纳入财政预算管理的意义在于：

　　（1）有利于对其总量做到公开透明，接受监督、控制和规范管理，防止使用大量预算外、制度外资金（小金库）为公务接待的超标违规提供便利条件。

（2）严格执行公务接待制度。规范公务接待，就应在科学界定公务接待范围的基础上，制定周密的、可操作性的规定细则，使各项接待有章可循、有规可依，对违反制度的，应该依规依纪严肃处理，绝不能姑息迁就。

（3）强化监督。今后在强化人大对政府的预算监督，强化政府内部的监察、审计的同时，应将各级党政部门的公务接待情况向社会公开，接受新闻媒体和公众的监督。

74. 《党政机关国内公务接待管理规定》的主要内容有哪些?

国内公务是指出席会议、考察调研、学习交流、检查指导、请示汇报工作等公务活动。《党政机关国内公务接待管理规定》的主要内容有：

（1）国内公务接待应当坚持有利公务、简化礼仪、务实节俭、杜绝浪费、尊重少数民族风俗习惯的原则。

（2）党政机关举办会议应当严格履行报批手续，严格控制会议数量、规模和会期。应当充分采用电视电话、网络视频方式召开会议。

（3）党政机关部门之间的参观学习、培训考察等活动要注意实效。党政机关工作人员不得参加各类社团组织、社会中介机构举办的营利性会议和活动，不得违反规定到风景名胜区举办会议和活动，严禁以各种名义和方式变相旅游。

（4）党政机关工作人员因公外出，应当按照程序履行报批手续，派出单位应当向接待单位说明公务活动的内容、时间、人数和人员身份。接待单位应当严格按照接待标准提供住宿、用餐、交通等服务，不得超标准接待，不得用公款大吃大喝，不得组织到营业性娱乐、健身场所活动，不得以任何名义赠送礼金、有价证券和贵重礼品、纪念品，不得额外配发生活用品。

（5）国内公务接待中的出行活动应当集中乘车，减少随行车辆，不得搞层层陪同，严格按照规定使用警车，避免扰民和影响交通。

（6）各级党政机关应当加强对国内公务接待工作的管理，规范国内公务接待工作。财政部门应当加强对财政性接待经费的预算管理；审计部门应当加强对公务接待经费使用情况的监督；纪检监察机关应当加强对违规违纪问题的查处。

75. 什么是公务卡制度？

公务卡是指财政预算单位工作人员持有的，主要用于日常公务支出和财务报销业务的信用卡，实行"银行授信额度，个人持卡支付，单位报销还款，财政实时监控"的操作方式。公务卡具有一般银行卡所具有的授信消费等共同属性，持卡人能够方便快捷地办理支付结算业务；同时又具有财政财务管理的独特属性，能够将财政财务管理的有关要求与银行卡的独特优势相结合，是一种新型的财政

财务管理工具和手段。公务卡作为一种现代化支付结算工具，不仅携带方便、使用便捷，而且透明度高，消费信息包括消费商户名称、消费项目、金额、地点等均被全面真实地记录下来，所有的支付行为都有据可查、有迹可寻，报销时通过管理系统提取信息进行审核，可以最大限度地减少现金支付结算。公务卡对于差旅费、会议费、招待费等使用支付结算，持卡人在额度内进行日常公务支出时，使用公务卡刷卡消费并取得交易凭证和发票，据此到本单位财务部门报销，到期还款时由单位财务部门将款项直接支付给发卡银行。推行公务卡制度，以公务卡及电子转账支付系统为媒介，以国库单一账户体系为基础，以现代财政国库管理信息系统为支撑，逐步实现使用公务卡办理公务支出，最大限度地减少单位现金支付结算，强化财政动态监控，有利于从源头上堵住现金支付漏洞，实现透明消费，切实把公务支出置于阳光之下。

76. 我国公务卡制度是如何发展起来的？

2002 年，我国第一张公务卡在上海诞生。根据《上海市深化推行公务卡制度改革方案》，上海的公务卡由各单位统一办理，公务卡卡种为个人贷记卡，最高信用额度控制在 2 万～5 万元。各单位可以自行选定发行贷记卡的金融机构作为签约单位，定期签订公务卡合作协议，明确双方的权利和义务。实行公务卡制度后，上海各单位财政授权支付业务中原使用现金结算的公务支出，包括办公用品、培训费和 5 万元以下的购买支出等，原则上都应当使用公务卡结算。公务卡的报销流程与过去也有所不同，使用公务卡支出后，报销人不仅要提供发票等报销凭证，还要同时附上公务卡购物签单等银行卡付款单据，按照原财务报销程序审批，与供应商、银行信息核对无误后办理报销，财务人员则必须将发票和公务卡购物签单等报销单证作为原始凭证一并登记入账。

2008 年 1 月 30 日，中纪委、财政部、中国人民银行联合部署全国公务卡改革试点工作，要求 160 多家中央预算部门和全部省级预算单位全面启动公务卡试点，明确到 2010 年，公务卡制度将覆盖从中央到县级的全部预算单位。为了进一步推进公务卡制度改革，2011 年 11 月 25 日，财政部发布了《关于实施中央预算单位公务卡强制结算目录的通知》，要求自 2012 年 1 月 1 日起，中央各部门及所属行政事业单位工作人员在支付公务接待费、公车运行维护费、差旅费、会议费等 16 项费用时，必须使用公务卡。

77. 如何实施办公用品简约管理？

现代办公管理主要是办公用品的管理和办公环境的管理。办公用品的简约管理就是本着"物尽其用，减少浪费"的原则，开展节约办公、环保办公，其主要措施有：

（1）再利用：旧墨盒填充墨水，旧硒鼓加粉，钢笔加墨水代替中性笔和圆珠笔，复印纸和打印纸双面利用，使用再生纸而不是原浆纸。

（2）回收：回收利用废纸、纸箱，集中处理废墨盒、硒鼓、电池。

（3）减量：减少纸杯使用，适量打印复印，牛皮袋、公文夹尽量重复使用，尽可能避免购买使用一次性物品。

（4）无纸化办公：尽量使用电子文件。

（5）共享：以办公室为单位，共享打印机、传真机、复印机，采用多用户计算机，2～5 个人共享一台计算机主机，既减少采购成本，又减少相应的维护、升级成本，也可减少计算机中 CPU、印刷线路板等电子垃圾的产生。

（6）节约资源：办公环境的管理提倡人性化和无纸化的时尚，反对为达到某种"低效率的自动化"而投入大量的资金成本。"简约"仍是首选，华而不实的"办公室智能化一卡通系统"、"办公家具高档化"、"办公文具礼品化"、"IT 设备一步到位化"都是"伪时尚"，只能带来"攀比"和"摆设"，不利于建设资源节约型社会。

78. 中央国家机关节电目标是什么？

为完成"十二五"时期公共机构节能目标，国务院机关事务管理局将会同有关部门同步推进绿色照明工程、零待机能耗计划、燃气灶具改造工程、节能与新能源公务用车推广工程等"十大节能工程"。"十二五"时期全国公共机构的节能目标是以 2010 年能源资源消耗为基数，到 2015 年人均能耗下降 15%，单位建筑面积能耗下降 12%。

（1）在绿色照明工程中，国务院机关事务管理局将重点推广各类高效照明光源 2 500 万只，实现办公区高效光源使用率达 100%，LED 等半导体光源使用率达到 10% 以上。"十二五"时期形成 60 万吨标准煤的节能能力。

（2）零待机能耗计划将通过严格控制政府采购办公设备的待机能耗标准，采用先进的电源管理技术，推广节能插座 1 200 万个，有效降低待机能耗，年节约用电约 20 亿千瓦时，折合 64 万吨标准煤。

79. 中央国家机关降低油、气、水消耗的目标是什么？

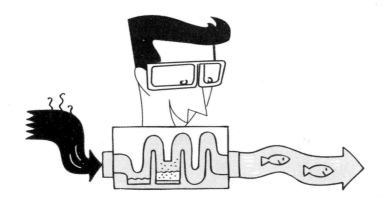

依据国务院机关事务管理局《公共机构节能条例》，对中央国家机关能源消耗提出如下要求：

（1）车辆节油。进一步清理中央国家机关超编、超标车辆，严格控制车辆编制和规模，合理安排公车出行，将消除公车腐败纳入行政廉洁内容；将公务用车纳入政府绿色采购，在节能与新能源公务用车推广工程中，公共机构将逐步提高新购公务用车中节能与新能源汽车的比例，到"十二五"期末达到50％以上；加强公车日常节油管理，实行"一车一卡"加油制度。

（2）炉灶节气。完成中央国家机关燃气锅炉采暖系统节能诊断和改造，加强采暖系统运行管理，改善管网系统的调节和优化热源运行工况，降低气、电、水消耗，实现综合节能10％。"十二五"期间，国务院机关事务管理局将推进燃气灶具改造工程，使节能型灶具使用率达到80%以上，年节约天然气和煤气约3亿立方米，折合36万吨标准煤。

（3）节约用水。在新建和改造项目中推广使用节水器具和设备，开展办公区内洗手间洁具、食堂用水设施、中央空调冷却水塔、绿化灌溉设施等节水改造和建设，有条件的单位可建设中水处理系统和雨水收集系统。

80. 办公室如何节约用电？

据统计，国家机关办公建筑和大型公共建筑年耗电量约占全国城镇总耗电量的22%，每平方米建筑面积年耗电

量是普通居民住宅的 10 ～ 20 倍，是欧洲、日本等发达国家同类建筑的 1.5 ～ 2 倍，因此，办公室节约用电是绿色办公、节能减排、建设资源节约型社会的重要内容，通常的方法有：

（1）制定能耗目标考核和计量收费制度，培养为社会节约能源，为单位节约经费的现代办公意识。

（2）使用高能效节电设备，安装自控装置，推广节能灯，水泵、风机及电梯等应用变频调速技术，采用能量回收装置，利用排风预冷（预热）新风。

（3）优化用能设备的运行时间，在光线充足的时候，尽可能关闭照明电源或减少照明电源的数量，利用夜间自然冷风预冷房间，过渡季节靠新风制冷，开空调时要关闭门窗，下班前 30 分钟关闭空调，优化车库通风机的开机时间，避免 24 小时常开。

（4）提高用能设备的节电参数，根据季节变化重新设定冷冻水给水温度，空调的温度夏季控制在 26℃以上，冬季控制在 18℃以下，制冷机负荷合理均匀分配，空调、计算机、复印机和打印机等设备不用时随手关闭电源。

（5）重视电脑节电，根据实际工作情况调整运行速度，并且将休眠等待时间设置在 15 ～ 30 分钟；显示器亮度一般设置在 60 ～ 80，对比度设置在 80 ～ 100，刷新率使用 85 或 75 赫兹；尽量使用硬盘，减少遥控待机时间，采用手动开关，使用后及时切断插头电源；对机器经常保养，注意防潮防尘。

（6）改善办公环境节电条件，风冷单元式空调室外机增设喷淋蒸发装置，玻璃幕墙、天棚加贴反射膜或采取活动遮阳，景观照明采用先进高效照明技术。

81. 办公场所可以采用哪些节水措施？

（1）选用新型节水型设备和产品，办公场所用量大的水龙头使用具有手动或自动启闭和控制出水口水流量功能的，便器系统使用每次冲水周期的用水量不大于 6 升的，便器用阀使用具有延时冲洗、自动关闭和流量控制功能的。

（2）加强用水设备管理，定期检查管线设备，杜绝跑、冒、滴、漏现象；换季时清洁空调水系统，调整气压平衡，提高蒸汽冷凝水回收率。

（3）绿地浇灌、景观、冲厕、洗车用水尽可能采用中水。

（4）办公区绿化选择耐旱的植物，浇灌方法选择微灌或滴灌，浇灌时间夏季选择下午、冬季选择上午。

82. 发达国家如何减少办公垃圾？

现代办公垃圾多指一次性耗材和塑料包装物。早在 1991 年，德国就实施了有关防护物及包装废弃物回收利用的法规《包装品法规》，明确规定了零售商及销售商在回收利用过程中，在运送、二次利用及销售包装品等方面的法律责任，旨在防止及减少废弃物的产生，并将再利用的包装物质回收于生态圈中。1994 年，美国把激光墨粉盒的回收利用写入《环境保护法》中，规定联邦机构必须使用再生墨粉盒。在民间组织推动下，纽约州通过法律，规定该州采购必须遵循再生物品优先的原则，同时政府有责任定期审核，消除对再生环保产品的歧视；该州还通过法令支持回收利用，并抵制一次性物品，任何一家限制再生产品销售的公司，都将被政府采购排除在外。2002 年，欧盟立法拒绝一次性耗材，引起了更广泛的关注，也推动了可回收、可循环和可重填绿色耗材的运用。

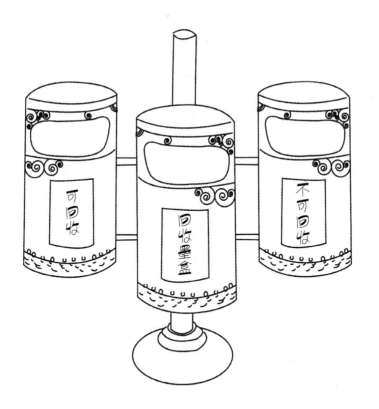

83. 办公室可采取哪些措施减少纸类使用量？

（1）加强办公用纸量的管理，办公室内使用"收"、"发"、"回收"标示分类的多层档案格，文件纸张分类留存；文件袋重复使用，文件材料双面用纸，单面使用后的纸可当草稿纸。

（2）尽可能地减少办公室的用纸量，使用电子邮件代替纸类信函，一般性公文由网上发布电子文档；行文字体适当选用小字号和行间距；条件许可时，办公用纸、名片和印刷物等都尽量使用再生纸；办公人员自用水杯，纸杯给来客准备；多用手帕，使用抹布，减少卫生纸和面纸的使用。

（3）主动回收废旧纸张，每个办公人员都应该自觉养成回收废纸习惯，办公桌下放一个废纸袋，随手将双面使用后的废纸、旧信封装入；定期回收报纸、杂志及非保密材料，使废旧纸张充分回收再利用。

84. 什么是再生纸？

再生纸是利用回收的废纸，经过适当的处理之后重新生产出来的纸张。早在一千多年以前，我国宋代就有了所谓的"还魂纸"，用今天的话来说，还魂纸就是再生纸。明代科学家宋应星在《天工开物》一书中写道："废纸去墨污秽，浸烂……再造，依然成纸，耗亦不多……名曰还魂纸。"利用废纸造纸的好处很多，据推算，每回收一吨废纸并重新造纸，可节省纤维原料约 500 公斤，烧碱 150 公斤，节电 360 千瓦时，省煤 350 公斤，减少用水 120 吨，因此，废纸已经成为造纸工业的原料来源之一。用来造纸的植物纤维品种较多，如针叶树纤维、阔叶树纤维、竹子纤维、麦草稻草纤维、甘蔗渣纤维、荻苇纤维、棉花纤维、树皮纤维、麻类纤维等。但在造纸过程中，对它们进行一定的化学（蒸煮、漂白）和机械（打浆）作用，因此不能误以为废纸纤维可以无限制地循环使用。

85. 办公为何要绿色出行？

据统计，目前，全国公车数量已超过 400 万辆，汽车在政府采购物品中始终占前三位，已突破 700 亿元，约占财政部预计的 3 000 亿元全国政府采购规模的 1/4，并且还以每年 20% 的速度递增，因此办公绿色出行是节能减排、低碳经济、生态建设的重要措施之一。

绿色出行就是采用对环境影响最小的出行方式，即节约能源、提高能效、减少污染、有益健康、兼顾效率的出行方式，并通过碳减排和碳中和实现环境资源的可持续利用和交通的可持续发展。各种运输工具是交通能耗和环境污染的主体，与其他国家相比，我国运输行业的交通工具能源利用效率偏低，其中机动车百公里平均油耗比欧洲高 25%，比日本高 20%，比美国高 10%。相比较而言，水路运输占用土地资源少，能源消耗低，污染少；铁路运输能源消耗较低，环境污染程度较轻，但占用土地较多；民航运输土地占用少，但能耗高，污染高；公路运输能耗很高，土地占用多，且汽车是油耗大户，会产生尾气、颗粒物、噪声等严重污染环境，在城市中汽车排放已经成为空气污染的主要来源。

因此，办公出行时应视工作需要合理选择出行方式及途径，短距离出行时尽可能选择步行、自行车出行；远距离乘车出行尽可能选择公共汽（电）车、有轨电车、地铁、轻轨等对环境污染小的公共交通；自备车出行选择低能耗、小排量的环保型车，条件许可时合用车辆出行。

86. 为何要选择入住绿色宾馆？

随着经济快速发展对生态环境污染的影响日趋严重，保护环境、倡导绿色消费更多地受到人们的广泛关注。绿色宾馆是宾馆业针对目前日益恶化的环境状况而推出的一种新型服务。宾馆业对环境既有直接影响，又有间接影响，直接影响是因为宾馆本身就是一个污染源，生活污水、固体废弃物、机组噪声、油烟废气都会影响周边环境质量；间接影响可以通过绿色采购、绿色消费、绿色服务影响环境质量的改善。绿色宾馆是采用环保、健康、安全的理念，在宾馆区域内通过绿色办公、绿色工程、绿色客房和绿色餐饮等倡导绿色消费。机关工作人员因公差旅量很大，在入住时自觉选择绿色宾馆，可以从宾馆业体现绿色办公理念，同时通过市场作用，引导宾馆业在经营过程中合理使用资源和保护生态环境，自觉加入节能减排行列。

绿色服务

LüS FU WU

87. 实施绿色行政的目的是什么？

　　"绿色行政"就是对环境友好的行政，是将环境保护和可持续发展的理念，融入并贯穿于日常行政管理活动中，使行政管理活动促进资源节约和生态保护。回忆过去乃至现在，不管是发达国家还是发展中国家，在创造巨大物质财富和精神文化成果的同时，由于受错误的发展理念、生产方法和消费方式指导，人们的人生观、价值观和伦理道德无法正确地对待大自然。非理性的掠夺式开发，特别是追求资本无限膨胀、利润最大化和崇尚奢侈消费的工业文明理念，导致了资源遭到严重破坏，环境受到严重污染，整个生物圈和主要生态系统都已伤痕累累、不堪重负。以牺牲环境为代价换取暂时的快速发展，"先污染后治理"的思想制约了社会经济的可持续增长。全球生态退化、环境恶化的严峻形势迫使政府部门必须采取切实有效的措施，通过制定科学的、符合生态规律的发展方针、发展战略、发展对策和发展规划，采取切实可行的、对环境友好的管理措施与技术手段，保护生态环境，保护自然资源，实现"十二五"规划纲要明确提出的：必须树立绿色、低碳发展理念，增强可持续发展能力，提高生态文明水平。这就是"绿色行政"的核心和基本目的。

88. 如何推广绿色行政？

（1）必须有较高环境意识和环保政策水平的工作人员。各级党政机关工作人员没有相当的环境意识和环保知识，绿色行政就是一句空话。实行绿色行政要求每位工作人员，不论从事何种行业、何种职业、何种岗位，都能把保护生态环境和自然资源作为自己义不容辞的神圣职责，主动地贯穿在本职工作的始终。

（2）必须建立社会经济发展的综合决策机制，彻底纠正部门保护主义和地方主义的狭隘观念。任何发展战略和规划的制定，任何一项方针、政策的出台，都应从全局的、长远的利益出发，综合考虑经济、社会、生态问题，把保护环境资源，实现社会经济的可持续发展作为最高目标。

（3）必须以绿色方针、绿色政策、绿色规划、绿色管理为基础，因此如何制定一套确保社会经济可持续发展的绿色方针、政策、规划，实施绿色管理，就成为政府部门必须大力加强研究的课题。

（4）必须实行污染预防全过程控制。从行政管理角度出发，制定发展战略，实施发展规划，调整体制与结构，每一个工作环节都要考虑保护生态环境，都要符合可持续发展要求，绝不能再走"先污染后治理"、"先发展后保护"的老路。

（5）必须采用科学的管理模式，不断改进管理行为，不断提高管理水平，以实现可持续发展的战略目标。

89. 保障可持续发展的相关法规和政策有哪些？

相关的法规和政策如下表所示：

政策法规	国　　家	行　　业
节约能源	《中华人民共和国可再生能源法》 《国务院关于加强节能工作的决定》 《中华人民共和国节约能源法》 《节能中长期专项规划》 《能源标准管理办法》 《新能源和可再生能源发展纲要》	《电力工业"十二五"规划》 《煤炭工业"十二五"规划》 《化工系统实施国家〈节约能源管理暂行条例〉细则》 《石油化学工业"十二五"规划》
节约用水	《中华人民共和国水法》 《关于加强建设工程用地内雨水资源利用的暂行规定》 《城市节约用水管理规定》 《城市地下水开发利用保护管理规定》 《取水许可制度实施办法》	《关于加强工业节水工作的意见》 《关于开展节水产品认证工作的通知》 《水嘴节水产品认证实施规则》

资源回收	《再生资源回收管理办法》 《废旧家电及电子产品回收处理管理条例》 《电子信息产品生产污染防治管理办法》	
绿色采购	《中华人民共和国政府采购法》	
交通运输	《中华人民共和国道路交通安全法》 《报废汽车回收管理办法》 《关于鼓励发展节能环保型小排量汽车的意见》	
绿色建筑	《中华人民共和国建筑法》 《关于发展节能省地型住宅和公共建筑的指导意见》 《建设工程质量管理条例》 《环境监测管理办法》 《关于加强建筑工程室内环境质量管理的若干意见》	
其他	《中华人民共和国环境保护法》 《中华人民共和国环境影响评价法》 《中华人民共和国清洁生产促进法》 《建设项目环境保护管理条例》 《建设项目竣工环境保护验收管理办法》	

90. 《中华人民共和国节约能源法》中对公共机构提出了哪些要求？

节约能源法

为了推动全社会节约能源，提高能源利用效率，保护和改善环境，促进经济社会全面协调可持续发展，全国人大常委会于 2007 年 10 月 28 日修订了《中华人民共和国节约能源法》，该法中所称公共机构，是指全部或部分使用财政性资金的国家机关、事业单位和团体组织。这些机构在节约能源方面要积极做到：

（1）应当厉行节约、杜绝浪费，带头使用节能产品和设备，提高能源利用效率，在节能减排工作中率先垂范。

（2）应当制定年度节能目标和实施方案，加强能源消费计量和检测管理。

（3）应当加强本单位用能系统管理，保证用能系统的运行符合国家相关标准。

（4）应当按照规定进行能源审计，并根据能源审计结果采取提高能源利用效率的措施。

（5）应当优先采购列入政府采购名录中的节能产品和设备，禁止采购国家明令淘汰的用能产品和设备。

91. 节能减排的主要内容是什么？

节能减排指的是减少能源浪费和降低废气、废水等主要污染物排放。一个国家社会经济的快速增长，是建立在各项建设取得巨大成就的基础上，为此人类也付出了沉重的资源环境代价。进入 21 世纪，经济发展与资源环境的矛盾日趋尖锐，环境污染危及人类健康的现象日趋严重，这种状况与经济结构不合理、增长方式粗放直接相关。不加快调整经济结构、转变增长方式，资源将无法支撑，环境容量将无法维持，社会将承受不起，经济发展将难以为继。只有坚持节约发展、清洁发展、低碳发展、安全发展，才能实现经济又好又快地发展。在经济快速发展的同时，温室气体排放引起全球气候变暖，导致自然灾害频繁发生，备受国际社会广泛关注。进一步加强节能减排工作，也是应对全球气候变化的迫切需要。我国国民经济和社会发展"十二五"规划纲要提出："十二五"期间单位GDP能耗下降16%、单位GDP二氧化碳排放强度下降17%。这是贯彻落实科学发展观、构建社会主义和谐社会的重大举措，是建设资源节约型、环境友好型社会的必然选择，是基本形成保护生态环境的产业结构、增长方式、消费模式的必由之路，是维护中华民族长远利益的必然要求，必将为人类健康发展作出贡献。

92. "十二五"期间节能减排的主要目标是什么？

国务院印发《"十二五"节能减排综合性工作方案》明确指出：在节能方面，到2015年，全国万元国内生产总值能耗下降到0.869吨标准煤（按2005年价格计算），比2010年的1.034吨标准煤下降16%，比2005年的1.276吨标准煤下降32%；"十二五"期间，实现节约能源6.7亿吨标准煤。在减排方面，2015年，全国化学需氧量和二氧化硫排放量分别控制在2 347.6万吨、2 086.4万吨，比2010年的2 551.7万吨、2 267.8万吨分别下降8%；全国氨氮和氮氧化物排放总量分别控制在 238.0 万吨、2 046.2 万吨，比 2010 年的 264.4 万吨、2 273.6 万吨分别下降 10%。

93. "十二五"期间节能减排的工作要求是什么？

（1）着力调整优化产业结构，促进节能减排。要坚持走中国特色新型工业化道路。大力发展循环经济，合理控制能源消费总量，调整能源结构，大力推广煤炭的清洁高效利用，因地制宜发展风能、太阳能等可再生能源，在做好生态保护和移民安置的基础上积极发展水电，在确保安全的基础上高效发展核电。

（2）坚持以科技创新和技术进步推动节能减排。加快建立节能减排的技术体系，引进消化吸收国外先进节能减排技术和管理经验。

（3）完善节能减排长效机制。深化资源产品价格改革，完善价格形成体制。落实税收优惠政策，积极推进资源税费和环境税费改革。调整进出口税收政策，遏制高耗能、高排放产品出口。

（4）加强节能减排能力建设。抓紧制定完善能源消耗、污染排放方面的强制性国家标准和设计规范，完善统计核算与监测方法，加强节能管理体系建设，建立健全各级减排监控体系。

（5）推进重点领域节能减排。开展万家企业节能低碳行动，加强工业、建筑、交通领域节能减排。推广使用经济高效的节能产品，提倡绿色低碳消费，形成节能环保的消费模式和生活方式。重视农业和农村减排，治理农业面源污染。大规模开展植树造林，增加森林碳汇。

94. "十二五"期间节能减排的措施有哪些？

（1）抑制高耗能、高排放行业过快增长。严格控制高耗能、高排放和产能过剩行业新上项目，进一步提高行业准入门槛，强化节能、环保、土地、安全等指标约束。严格控制高耗能、高排放产品出口。中西部地区承接产业转移必须坚持高标准，严禁污染产业和落后生产能力转入。

（2）加快淘汰落后产能。将任务按年度分解落实到各地区，完善退出机制，指导、督促淘汰落后产能企业做好职工安置工作，中央财政统筹支持各地区淘汰落后产能工作。

（3）推动传统产业改造升级。加快运用高新技术和先进适用技术改造提升传统产业，促进信息化和工业化深度融合，重点支持对产业升级带动作用大的重点项目和重污染企业搬迁改造。

（4）调整能源消费结构。在做好生态保护和移民安置的基础上发展水电，在确保安全的基础上发展核电，加快发展天然气，因地制宜发展风能、太阳能、生物质能、地热能等可再生能源。到2015年，非化石能源占一次能源消费总量比重达到11.4%。

（5）提高服务业和战略性新兴产业在国民经济中的比重。到2015年，服务业增加值和战略性新兴产业增加值占国内生产总值比重分别达到47%和8%左右。

95. "十二五"期间节能减排重点工程包括哪些方面？

（1）节能重点工程。包括节能改造工程、节能技术产业化示范工程、节能产品惠民工程、合同能源管理推广工程，形成3亿吨标准煤的节能能力。

（2）污染物减排重点工程。包括城镇污水处理设施及配套管网建设工程、脱硫脱硝工程，形成化学需氧量、氨氮、二氧化硫、氮氧化物削减能力 420 万吨、40 万吨、277 万吨、358 万吨。

（3）循环经济重点工程。包括资源综合利用、废旧商品回收体系、"城市矿产"示范基地、再制造产业化、产业园区循环化改造工程等。

96. 如何加强节能减排管理？

（1）合理控制能源消费总量。建立能源消费总量控制目标分解落实机制，制订实施方案。将固定资产投资项目节能评估审查作为控制地区能源消费增量和总量的重要措施。建立能源消费总量预测预警机制，对能源消费总量增长过快的地区及时预警调控。在工业、建筑、交通运输、公共机构以及城乡建设和消费领域全面加强用能管理。

（2）强化重点用能单位节能管理。依法加强年耗能万吨标准煤以上用能单位节能管理，开展万家企业节能低碳行动，实现节能 2.5 亿吨标准煤。

（3）加强工业节能减排。重点推进电力、煤炭、钢铁、有色金属、石油石化、化工、建材、造纸、纺织、印染、食品加工等行业节能减排，明确目标任务，加强行业指导，推动技术进步，强化监督管理。

（4）推动建筑节能。制定并实施绿色建筑行动方案，从规划、法规、技术、标准、设计等方面全面推进建筑节能。

（5）推进交通运输节能减排。积极发展城市公共交通，开展低碳交通运输专项行动，加速淘汰老旧交通运输工具。

（6）促进农业和农村节能减排。加快淘汰老旧农用机具，推广农用节能机械、设备和渔船。治理农业面源污染，加强农村环境综合整治，实施农村清洁工程。

（7）推动商业和民用节能。在零售业等商贸服务和旅游业开展节能减排行动，在居民中推广使用高效节能家电、照明产品，鼓励购买节能环保型汽车。减少一次性用品使用，限制过度包装。

（8）加强公共机构节能减排。新建建筑实行更加严格的建筑节能标准，加快办公区节能改造。国家机关供热实行按热量收费。推进公务用车制度改革。建立完善公共机构能源审计、能效公示和能耗定额管理制度。

另外，在监督检查方面：① 健全节能环保法律法规。加快制定城镇排水和污水处理条例、排污许可证管理条例、畜禽养殖污染防治条例。② 严格节能评估审查和环境影响评价制度。把污染物排放总量指标作为环评审批的前置条件，对年度减排目标未完成、重点减排项目未按目标责任书落实的地区和企业，实行阶段性环评限批。③ 加强重点污染源和治理设施运行监管。列入国家重点环境监控的电力、钢铁、造纸、印染等重点行业的企业要安装运行管理监控平台和污染物排放自动监控系统，定期报告运行情况及污染物排放信息，推动污染源自动监控数据联网共享。④ 加强节能减排执法监督。开展节能减排专项检查和对重点用能单位、重点污染源的执法检查，实行节能减排执法责任制。

97. 党政机关为何应率先节能降耗？

根据北京市的调查显示，48 个市、区政府机构 2004 年人均耗能量、年人均用水量和年人均用电量分别是该市居民的 4 倍、3 倍和 7 倍。年人均用电量最高值达到 9 402 千瓦时，相当于该市居民人均 488 千瓦时的 19 倍，也就是说，当时一名机关人员 1 天的最大耗电量够一个普通市民 19 天的生活用电。在用水、用油、办公用品和会议开支等方面也存在类似问题，可见党政机关节能潜力是巨大的。此外，机关办公大楼的建设，豪华办公设施的配置，形形色色高档轿车的购买等，都存在不同程度的浪费问题。这充分说明当前党政机关中的资源管理机制缺失，资源浪费现象惊人，已成为资源节约利用的一大薄弱环节，其原因主要有：

（1）机关工作人员节约资源意识还比较淡薄，许多单位存在长明灯、长流水问题，对浪费资源现象视而不见。

（2）节约资源管理制度不健全。我国一直没有统一的机关能源消耗标准，没有建立有效的能源体制报告制度，没有节能考核奖惩制度，节能工作基础薄弱，也没有相应的规划和政策，没有相应的机构、专门的人员负责此项工作，成为节能监督工作的"盲区"。

（3）尚未建立适应市场经济体制要求的节能新机制。在计划经济体制下形成的节能管理体系，已不适应建设资源节约型、环境友好型社会的要求。

（4）忽视资源的循环利用。

98. 如何建设节约型机关?

（1）建设节约型机关必须树立节约意识。长期以来，一些机关工作人员花公家的钱大手大脚，损坏公家的物品一点也不心痛，慢慢地养成了一种奢侈浪费的不良习惯：外面太阳红彤彤，办公室里灯光亮堂堂，水管长流无人管，咫尺之远公车代步，电脑、电话越配越多，纸张浪费越来越大，办公效率越来越低。随手关灯、随手关水、纸张正反面书写等良好习惯在不少机关里已经罕见。因而，培养机关所有人员的节约习惯和节约意识已迫在眉睫。有了节约意识，大到建设项目的审批，小到随手关灯、关水等，都能使人养成自觉节约的习惯，都能主动为节能减排出谋划策。

（2）建设节约型机关必须全方位。机关节约不只是节约几千瓦时电、几滴水、几升汽油，要从严格控制办公费用着手，减少差旅费、招待费和通信费等的支出，提高现代化办公工具利用效率。建立一个全方位的节约型机关，这就要求日常工作不讲排场、不摆阔气，追求实际效果；严禁大吃大喝，铺张浪费；推行无纸化办公，减少文山会海，能不开的会尽量不开，能用电视电话会议就不要开现场会议，坚决避免陪会陪餐现象。

（3）建设节约型机关必须领导干部带头。领导干部要率先厉行节约，反对浪费，从节约办公用品、压缩办公环节等方面推行节约化办公。

99. 建设节约型政府的着力点在哪里？

（1）应该从制度层面加强对政府部门资源浪费行为的约束和惩戒力度。① 对政府机构资源使用实行定额限制和定额管理，完善政府系统的节能监督工作，及时通报各政府部门的节能状况；② 要实施绿色采购，尽量采购再生纸、节能灯、低排量汽车等环保产品；③ 培养和增强政府工作人员的节能意识，把日常节能工作与办公人员绩效考核结合起来，形成制度化、法制化。

（2）应该从降低行政成本入手建设节约型机关。随着经济的快速发展，一些阶层首先富裕起来，也带动了过度消费现象的滋生，针对这种情况，政府部门应该从建设节约型、"廉价型"政府入手，在社会中引领良好的风气，对公务用车、公务消费等制度进行改革，切实降低行政成本。目前公务消费一直居高不下，是造成行政成本过高、滋生贪污腐败等群众反映强烈问题的重要原因，只有从根本上解决这些造成重大浪费的问题，才能真正地建设节约型社会。

（3）最重要的是精简机构和人员，建立规模合理适度的政府机构。在美国，政府的转移支付即政府用于供养人员、购买服务等加上国防支出占财政收入的1/3，而我国一方面财政收入还不高，另一方面支出不合理，过多地用于供养公务员和形形色色的事业编制人员，而真正应用到群众需要的地方，如教育、科研、医疗卫生、劳动保障等的财政经费却远远不够，据《中国审计报》的报道："财政社保基金欠账逼近 20 000 亿元，基础教育欠账逼近 10 000 亿元，煤矿安全欠账 500 亿元，农村医疗卫生欠账和环保欠账同样要以数百亿计……"

100. 构建节约型社会六项重点工作是什么？各级党政机关在建设节约型社会中能起到哪些重要作用？

构建节约型社会六项重点工作：

（1）大力节约能源。

（2）大力节约用水。

（3）大力节约原材料。

（4）大力节约和集约利用土地。

（5）大力推进资源综合利用。

（6）大力发展循环经济。

建设节约型社会是一项庞大的、复杂的社会系统工程，涉及政治、经济、文化和社会生活的方方面面，需要政府、企业和个人等多种行为主体的参与，其中各级政府是关键，因为它发挥着其他行为主体不可替代的作用。目前，党政机关的平均消费水准要高出社会平均水平 20％以上，推动节约型社会建设，各级党政机关应加强自我约束，在电力、采暖、用水、纸张、燃油等方面降低资源消耗，打造节约型机关，既要出大主意、大思路，又要抓细节、抓落实，具体表现在：

（1）率先垂范作用。各级党政机关本身是一个巨大的资源消费体，并会对社会产生很大的示范影响。例如，如果攀比盖建豪华办公楼，就会影响社会高档楼堂馆所的消费；如果简化办公场所设置，则会带动节能减排的自律行为。

（2）提供制度保障。节约型社会的建设要靠制度、靠法律法规来推动和保障，要建立一整套新的经济制度体系，包括产权、价格等基础性制度，生产、采购、消费和贸易等规范性制度，财政、金融、税收和投资等激励性制度，国民经济核算、审计和会计等考核性制度，通过一定的制度安排，规范引导经济运行。

（3）科学规划。规划设计应明确节约型社会的发展目标、发展重点、路径选择、保障措施等基本内容，为制度、法规、政策的制定和实施提供依据。

（4）政策引导。通过政策引导调动企业、公众节约的热情，更多地利用经济手段，发挥经济杠杆作用。

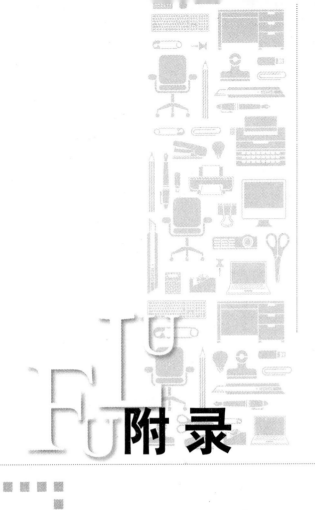

附 录

附录1　中国环境标志与标识介绍

名称	图标	内容介绍
中国能效标识		中国能效标识又称能源效率标识，是附在耗能产品或其最小包装物上，表示产品能源效率等级等性能指标的一种信息标签，目的在于提高公众的节能意识，并鼓励生产和购买节能产品。该标识是中国标准化研究院从2005年3月1日开始实施，分为5类，低于这5类的产品被禁止进入市场。目前该标识对于在中国市场销售的冰箱和空调是强制适用的，同样适用于在中国市场销售的所有外国产品
中国环境标志		中国环境标志俗称"十环"，由原国家环境保护总局倡导建立，启用于1994年。图形由中心的青山、绿水、太阳及周围的十个环组成，其含义是：图形的中心结构表示人类赖以生存的环境，外围的十个环紧密结合，环环紧扣，表示公众参与，共同保护环境；同时十个环的"环"字与环境的"环"同字，其寓意为"全民联合起来，共同保护人类赖以生存的环境"。 有认证标志的产品还必须具有中国环境标志认证委员会秘书处的印章，获得了由环境保护部颁布的"中国环境标志产品认证证书"，保证企业的环境行为和产品质量双优。 截至目前，中国环境标志已经先后制（修）订了80余项环境标志产品标准，现行有效的标准为56项。主要涉及环境保护国际公约履约类、可再生回收利用类、改善区域环境质量类、改善居室环境质量类、保护人类健康类和节约能源资源类等六大类
II型环境标志		ISO 14021环境标志国际标准（II型环境标志）于1999年9月15日颁布，1999年11月正式成为国际标准。我国于2001年正式将ISO 14021标准等同转化为GB/T 240241国家标准。获准使用该标志的产品不仅质量合格，而且在生产、使用和处理过程中符合特定的环境保护要求，与同类产品相比，具有低毒少害、节约资源等环境优势

Ⅲ型环境标志		该标志由体现中国生态环境的银杏叶与天鹅有机组成，具有向人们传递环境保护信息的内涵。由于该标志产品的环境信息是客观的，可以直接进行国与国的比较，所以具有不易形成国际贸易壁垒的优势
中国节能产品认证标志		中国节能产品认证标志由"energy"的第一个字母"e"构成一个圆形图案，中间包含了一个变形的汉字"节"，寓意为节能。缺口的外圆又构成"CHINA"的第一个字母"C"，"节"的上半部简化成一段古长城的形状，与下半部构成一个峰火台的图案一起，象征着中国。"节"的下半部又是"能"的汉语拼音第一字母"n"。整个图案中包含了中英文，以利于与国际接轨。整体图案为蓝色，象征着人类通过节能活动还天空和海洋蓝色。该标志从1999年9月3日起，由中国节能产品认证管理委员会确认并颁布
无公害农产品标志		无公害农产品标志是由农业部和国家认证认可监督管理委员会于2002年联合制定并发布的，是施加于获得全国统一无公害农产品认证的产品或其外包装上的证明性标志。图案由麦穗、对钩和无公害农产品字样组成，麦穗代表农产品，对钩表示合格，金色寓意成熟和丰收，绿色象征环保和安全
绿色食品标志		绿色食品标志由三部分构成，即上方的太阳、下方的叶片和中心的蓓蕾，象征自然生态；颜色为绿色，象征着生命、农业、环保；图形为正圆形，意为保护。绿色食品分为A和AA级。"绿色食品"活动于1990年由农业部发起，1992年正式启用绿色食品标志

有机食品标志

有机食品标志采用人手和叶片为创意元素，景象其一是一只手向上持着一片绿叶，寓意人类对自然和生命的渴望；其二是两只手一上一下握在一起，将绿叶拟人化为自然的手，寓意人类的生存离不开大自然的呵护，人与自然需要和谐美好的生存关系。有机食品概念的提出正是这种理念的实际应用。人类的食物从自然中获取，人类的活动应尊重自然的规律，这样才能创造一个良好的可持续的发展空间。我国有机食品的认证工作开始于1994年。有机食品与其他食品的区别主要有三个方面：

（一）有机食品在生产加工过程中绝对禁止使用农药、化肥、激素等人工合成物质，并且不允许使用基因工程技术；而其他食品则允许有限使用这些技术，且不禁止基因工程技术的使用。

（二）有机食品在生产转型方面有严格规定，从生产其他食品到有机食品需要2～3年的转换期，而生产其他食品（包括绿色食品和无公害食品）没有转换期的要求。

（三）有机食品在数量上进行严格控制，有机食品的认证要求定地块、定产量，而其他食品没有如此严格的要求

有机产品标志

C:100 M:0 Y:100 K:0
C:0 M:60 Y:100 K:0

中国有机产品标志的图案由三部分组成，即外围的圆形、中间的种子图形及其周围的环形线条。

标志外围的圆形似地球，象征和谐、安全，圆形中的"中国有机产品"字样为中英文结合方式，既表示中国有机产品与世界同行，也有利于国内外消费者识别。标志中间类似种子的图形代表生命萌发之际的勃勃生机，象征了有机产品是从种子开始的全过程认证，同时昭示出有机产品就如同刚刚萌生的种子，正在中国大地上茁壮成长。种子图形周围圆润自如的线条象征环形的道路，与种子图形合并构成汉字"中"，体现出有机产品植根中国，有机之路越走越宽广。同时，处于平面的环形又是英文字母"C"的变体，种子形状也是"O"的变形，意为"China Organic"。

绿色代表环保、健康，表示有机产品给人类的生态环境带来完美与协调。橘红色代表旺盛的生命力，表示有机产品对可持续发展的作用。中国有机产品认证工作于1995年开始

附录2　主要国家和地区环境标志解读

　　经过专家委员会鉴定认可，由国家有关部门授予"环境标志"的产品，表明其不仅质量合格，而且生产、使用和处理处置过程符合特定的环保要求，与同类产品相比，具有低毒、少害、节能、降耗、可回收利用等优势。随着全球环保意识的逐渐增强，选购带有环境标志产品的人越来越多。为帮助消费者识别什么产品对环境、健康更有利，保护消费者利益，同时，也为了建立一种有效地引导企业改善企业环境行为的市场机制，目前国际上已有三十多个国家和地区先后开展了环境标志计划，绝大多数环境标志工作由各国政府的环境保护行政主管部门负责管理。

名称	图标	内容介绍
德国蓝色天使环保标志		德国于1977年提出蓝色天使计划，是第一个实行环保标志的国家。德国的环境标志是以联合国环境规划署（UNEP）的蓝色天使表示的，蓝色天使标志上有"环境标志"（Umweltzeichen）的字样，下面伴有解释词"因为……"（Weil……）以及"JuryUmweltzeichen"，原来的题词读做"Umweltfreundlin"（环境友好）。蓝色天使计划的主要目标为：（1）引导消费者购买对环境冲击小的产品；（2）鼓励制造者发展和供应不会破坏环境的产品；（3）将环保标志当作是一个环境政策的市场导向工具。德国环境部长于1990年指出，德国人民与生产者环保意识的高涨，部分归功于蓝色天使制度的推动与实行。蓝色天使计划是现今许多环保标志的示范

北欧白天鹅环保标志	MILJÖMÄRKT	北欧白天鹅环保标志（Environmentally-Labeled）图样为一只白色天鹅翱翔于图形绿色背景中，此乃由北欧委员会（Nordic Council）标志衍生而得。获得使用标志之产品，在印制标志图样时应于天鹅标志上方标明北欧天鹅环境标志，于下方则标明至多三行之使用标志理由。 北欧白天鹅环保标志于1989年由北欧部长会议决议发起，统合北欧国家，发展出一套独立公正的标志制度。为全球第一个跨国性的环保标志系统，是统一由厂商自愿申请及具正面鼓励性质的产品环境标志制度，参与的国家包括挪威、瑞典、冰岛及芬兰四个国家，并组成北欧合作小组共同主管
日本生态标志		日本生态标志（ECO-Mark）图样的含义在以双手拥抱着地球，象征"用我们的手来保护地球和环境"，以两只手拼出一个英文自母"e"，代表"Environment""Earth""Ecology"。标志的颜色，原则使用蓝色单色印刷，但可因包装色系的不同而改用其他颜色单色印刷。标志的大小，至少以字能看清楚为原则。另在标志的上方书写（爱护地球），下方则标明该产品环境保护的效用。日本于1989年开始推动环保标志制度。1995年根据环保标志组织实施要领与环保标志规格要领，重新规定环保标志规格标准制定程序与申请方法，以符合ISO 14024之精神。生态标志商品其选择的原则在于使用阶段产生较小的环境负荷，使用此产品以后对环境改善有帮助，使用商品后之废弃阶段可产生最小的环境影响及对其他环境保护有明显贡献
加拿大环境标志		加拿大环境标志称做"环境选择"，其图形上一片枫叶代表加拿大的环境，由3只鸽子组成，象征3个主要的环境保护参加者：政府、产业、商业，商标伴随着一个简短的解释性说明，解释商标为什么被认证。加拿大环境标志（Environmental Choice）原由加拿大环保署于1988年起推动，但从1995年8月起改由授权民营公司执行，但标志仍属政府所有，授权十年，政府保有监督权，如有违反法规或政策则撤销授权。加拿大环保署已责成各地方政府优先采购环境标志产品，亦宣导发动大企业、学校、医院等团体比照办理

欧盟生态标志		欧盟生态标志（Eco-label）又名"欧洲之花"，自 1992 年 4 月开始正式公布实施，为自愿性参与方式，推行单一标志亦可减少消费者及行政管理者的困扰。各会员国设有一主管机关来管理、审查环境标志申请案。将同一类产品，按照对环境的影响排名，只有排名在前 10%～20% 的产品才可申请到环境标志
法国环保标志		法国环保标志（EcoProducts）1989 年起使用，有两种功能：第一是产品有可信赖的环境性质，第二是承认和奖励在制造过程中有考虑环境性质的公司
全球环境标志		全球环境标志（Global Ecolabelling Network，GEN）是一个国际性组织，由第一类环保标志执行单位所组成。创始于 1994 年，其标志（Logo）设计是以红色卫星线形成的网路，环绕着一个绿色的地球，结合地球外围之文字，说明 GEN 是来自全球各地环保标志。美国绿标签（Green Seal）于 1992 年联合加拿大的环保标志计划，筹组 GEN。希望借由国际的力量，宣扬第一类环保标志之宗旨与促进国际合作交流。GEN 的成立与积极参与，改变了许多产业界代表对第一类环保标志的成见
美国环保标志		美国的环保标志计划由两个民间非营利性组织所建立，在东岸盛行绿标签（Green Seal），西岸则盛行绿十字（Green Cross）。绿标签（Green Seal）创立于 1993 年，项目仅有消费性产品与办公室产品两大项。绿十字，是一种比较严格的标准，不容许生产任何可能释放致癌或导致胎儿缺陷的化学物质的产品
瑞典 III 型标志		瑞典 III 型标志由 SSNC 于 1990 年创立，SSNC 是瑞典的验证单位。1989 年，瑞典的一家零售商 KP，开始标示计划，以手册方式鼓励购买。1989 年底另外两家零售商 ICA 和 Dagab 加入 KP，发起环保标志计划
奥地利环境标志		奥地利环境标志创立于 1991 年，对顾客和制造商都是自愿性的。它希望消费者在选择相同功能的产品时，能选择对环境冲击较小的产品和服务，并且希望厂商和贸易商在不影响环境品质和安全的前提下提供低污染的产品

泰国绿色标签		泰国绿色标签计划在 1993 年由泰国永续发展会发起。泰国绿色标签认证是自愿性的，适用于产品和服务领域，授予绿色标签的目的是向消费者提供可靠的信息，以帮助其选购环保产品；产品生产、使用、消费和处理过程中减少对环境的影响
捷克环保标志		捷克环保标志始于 1994 年，它是根据欧盟的指导原则而来的。捷克环保标志最主要的目的是制造和利用减少环境冲击的产品以达到环境保护，产品包括国内的和进口的
新加坡环保标志		新加坡环保标志计划在 1992 年建立了Green Label，提倡绿色消费，不论是国内的或国外的公司只要达到标准，都是开放的
荷兰生态标志		荷兰生态标志，荷兰住宅、自然规划和环境部及经济事务部于 1992 年创立了环境检查基金会并由其创建了荷兰生态标志。1995 年环境检查基金会开始制定食品生态标志标准，随后国家农业、自然管理及食品质量部介入生态标志管理

绿色办公百问答

附录3 国际绿色办公行动

联合国环境规划署（UNEP）	发布绿色办公政策，包括废纸处理、节约用水、资源回收，采购环境友好产品
德国	蓝色天使标志产品为优先采购对象，使用再生纸、电动车，新建筑的环保措施，抑制能源使用量，公务用车管理等
美国	1. 发起绿色办公行动； 2. 联邦政府制定减缓污染策略； 3. 优先采购绿色产品
加拿大	1. 制定绿色计划； 2. 公布环保行动规范，使用电子邮件、再生纸、再生墨粉盒，双面用纸，以及资源分类回收再利用
英国	1. 制定绿色办公行动计划； 2. 削减二氧化碳排放，禁用CFCS产品，减少机动车废气排放量，回收电池，垃圾分类等资源回收利用
日本	绿色办公行动计划包括： 1. 公务相关的软件采购要有环保的考虑； 2. 新建办公室所在的建筑及管理方面要有环保的考虑； 3. 日常业务的环保考虑； 4. 实施公务员的环保研习，以落实绿色办公行动计划； 5. 建立推动体系及绿色评估制度

附录4　绿色办公行动自评表

内容	行动分类	是否行动
节能行动	照明 ●尽量采用自然光 ●选用节能灯 ●人走灯灭 电器 ●离开时关闭显示器 ●减少电器待机时间 ●下班后关闭所有办公电器 ●减少电梯的使用 ●设定适宜空调温度（夏天不低于26℃，冬天不高于18℃） ●选用节能标识产品	☐ ☐ ☐ ☐ ☐ ☐ ☐ ☐ ☐
节水行动	●及时关闭水龙头 ●发现跑、冒、滴、漏现象及时报告和维修 ●选用节水器具 ●中水回用 ●雨水收集利用 ●减少洗车次数 ●出差入住宾馆时减少毛巾床单更换次数 ●使用环境友好产品	☐ ☐ ☐ ☐ ☐ ☐ ☐ ☐
资源节约行动	●减少纸张用量 ●双面用纸 ●使用再生纸 ●垃圾分类回收 ●回收墨粉盒、硒鼓等有害物品	☐ ☐ ☐ ☐ ☐
绿色交通	●鼓励员工乘坐公交或地铁出行 ●适时步行或骑车出行 ●创造条件合用汽车 ●及时保养和修理车辆，保证尾气达标 ●采购环保型车辆	☐ ☐ ☐ ☐ ☐
室内环境	●室内绿化 ●环保装修 ●选用环保家具和办公用品 ●办公区禁止吸烟 ●自然通风	☐ ☐ ☐ ☐ ☐
社会责任公众意识	●积极宣传环保知识 ●参加环保公益活动	☐ ☐

资料来源：摘自《绿色办公一点通》。

参考文献

[1] 刘建雄. 绿色办公问答 [M]. 北京：中国环境科学出版社，2009.

[2] 张丽. 走向低碳时代 [M]. 北京：中国环境科学出版社，2010.

[3] 成建宏. 家用电器节能知识问答 [M]. 北京：中国标准出版社，2007.

[4] 宋广生. 室内环境污染防治知识问答 [M]. 北京：中国标准出版社，2007.

[5] 北京市西城区国家可持续发展实验区领导小组办公室，瑞典 LIFE 国际生态基金会，北京市西城区图书馆管理协会. 绿色办公一点通 [M]. 2004.

[6] 原国家环境保护总局宣教中心，美孚中国环境教育基金. 环境之星指南 [M]. 2000.

[7] 绿色选择手册 [J]. 自然之友，2008.

[8] 中国环境与可持续发展资料研究中心，德国海因里希·伯尔基金会. 消费者节能指南 [M]. 2004.

后　记

　　《绿色办公百问答》继《绿色办公问答》之后匆匆与读者见面了。这是一本关于环保问题之作，是在无法淡定的心态下完成的小册子。

　　早在五年前，党的十七大就提出把建设资源节约型、环境友好型社会落实到每个单位、每个家庭，作为长期在军队和地方机关工作的笔者，每每看到大大小小的行政浪费，都会引发一种纠结，难以言表，时常想起绿色办公，无奈人微言轻。好在时代创造了机遇，环境保护的要求，公众意识的提高，都给了笔者释放纠结心态的契机，敢为绿色办公鼓与呼，为构建节约型社会尽绵薄之力。

　　在推敲这些不算呐喊而是呼吁的问答题时，我们首先要感谢环境保护部宣传教育中心原主任焦志延，以及该中心综合室主任宋旭红、教育室主任曾红鹰和焦志强、高俊萍两位主管，是他们促进组成了编委会，组织出版了《绿色办公问答》，着眼于"办公"过程中涉及的环境问题及其解决方案。

　　其次，还要感谢江苏省环境保护宣传教育中心原主任朱德明，我们相识不到两年的工作中，他在环境保护政策和环境保护科研等方面，不遗余力地给了我们诸多的有益指导，帮助我们取得了不菲的专业成果。

　　再次，我们要感谢江苏省淮安市清河区环境保护局耿蓓蓓局长和高鸿飞副局长，他们在生态示范区的建设过程中，大力协助出版《绿色办公百问答》。

最后，我们不能用感谢，而是用不能忘记来说说本书的责任编辑辛静。我们与她素未谋面，五年来，通过网络和电话使我们成为挚友，我们在工作实践中总结出来的数篇经验之谈，都劳烦她编辑成文，发表在《环境教育》杂志上。如今的《绿色办公百问答》，在内容的准确表述、布局的合理美观上，她都提出了很多中肯而有建设性的修改意见，使绿色办公行为更易于被广大读者接受。

"绿色"是自然色彩，"办公"是人类行为，两者的完美结合便是实践中的环境友好行动，由衷地希望这本小册子，能为各类机关工作人员践行绿色办公提供帮助，使点滴的行动像涓涓小溪流入江河构成环境保护的洪流，重要的是从自我身边做起，构建"两型"社会。

编者于镇江·一泉

2012 年 1 月 22 日

绿色办公的践行者

——苏州国环环境检测有限公司

在低碳时代渐行渐近的今天，环保的呼声日益高涨，"绿色"作为一种可持续发展的理念被越来越多的人所认可，并被践行于社会生活的方方面面。正是在这样的背景下，绿色办公应运而生。由苏州国家环保高新技术产业园投资建设的国有全资公司——苏州国环环境检测有限公司一直认真履行企业公民责任，在绿色办公方面有着诸多的实践经验，积极地推进环保事业的发展。

作为致力于为人们生活、工作环境把关的专家，苏州国环环境检测有限公司努力加强实验室认证评审，提升监测能力水平。公司 2006 年通过国家计量认证的第三方实验室（计量认证证书编号为：CMA2010100405UR），2010 年顺利通过

江苏省卫生厅审核的"职业卫生技术服务机构资质"评审，成为苏南地区首家也是最大的兼具环境监测和职业卫生检测评价的专业公司，具备建设项目职业病危害评价（乙A级）资质。公司现有检测范围包括室内环境空气质量检测、环境工程验收监测、水和废水（含大气降水）、空气和废气、土壤、底泥、固废、噪声、装饰装修材料检测以及职业卫生检测与评价等，基本覆盖了环境检测、职业卫生检测与评价各个领域，能为政府和社会各界提供公正数据，并可出具具有法律效力的检测与评价报告，为全面实现"绿色办公"提供专业的技术支持。

此外，苏州国环环境检测有限公司通过打造"绿色的办公环境、绿色的办公设备、绿色的办公方式"来实现工作人员日常办公方式的"绿色化"，让企业和员工通过切切实实的行动，节约资源、降低能耗，让绿色成为一种生活方式，融入人们每一天的工作和生活中。

绿色办公的践行者

——苏州国环环境检测有限公司

在低碳时代渐行渐近的今天,环保的呼声日益高涨,"绿色"作为一种可持续发展的理念被越来越多的人所认可,并被践行于社会生活的方方面面。正是在这样的背景下,绿色办公应运而生。由苏州国家环保高新技术产业园投资建设的国有全资公司——苏州国环环境检测有限公司一直认真履行企业公民责任,在绿色办公方面有着诸多的实践经验,积极地推进环保事业的发展。

作为致力于为人们生活、工作环境把关的专家,苏州国环环境检测有限公司努力加强实验室认证评审,提升监测能力水平。公司2006年通过国家计量认证的第三方实验室(计量认证证书编号为:CMA2010100405UR),2010年顺利通过

江苏省卫生厅审核的"职业卫生技术服务机构资质"评审，成为苏南地区首家也是最大的兼具环境监测和职业卫生检测评价的专业公司，具备建设项目职业病危害评价（乙 A 级）资质。公司现有检测范围包括室内环境空气质量检测、环境工程验收监测、水和废水（含大气降水）、空气和废气、土壤、底泥、固废、噪声、装饰装修材料检测以及职业卫生检测与评价等，基本覆盖了环境检测、职业卫生检测与评价各个领域，能为政府和社会各界提供公正数据，并可出具具有法律效力的检

测与评价报告，为全面实现"绿色办公"提供专业的技术支持。

此外，苏州国环环境检测有限公司通过打造"绿色的办公环境、绿色的办公设备、绿色的办公方式"来实现工作人员日常办公方式的"绿色化"，让企业和员工通过切切实实的行动，节约资源、降低能耗，让绿色成为一种生活方式，融入人们每一天的工作和生活中。

人、自然与建筑的绿色之美

——"亿力·未来城"

"亿力·未来城"项目位于淮安市清河区，地处清河、清浦与城市新区（经济开发区）的交界处，占地面积30余万平方米，规划建筑以小高层、高层的高档住宅为主，配套大型商业中心、滨河特色风情街、部分酒店式公寓等、地下停车库以及大型社区会所和幼儿园等，建成后小区的总建筑面积将达87万平方米，是一座集居住、商务、休闲、娱乐、健体、教育于一体的大型综合社区。

"亿力·未来城"在产品规划的初始阶段，即以创建"国家康居示范工程"为核心目标，全面执行"国家康居示范工程"的标准。通过整体规划的绿色建筑设计

手法，将社区整体的功能、景观与文化互相融合；在建设施工过程中，将完全依照建设"国家康居示范工程"的指导思想，全面提高住宅质量，打造出人、自然与建筑相互和谐，居住环境自然、舒适、安全、便捷的高品质、高质量、具有活力的绿色、低碳、生态居住社区。

"亿力·未来城"积极倡导"绿色办公、低碳生活"理念，以实际行动深化节约型社区建设，广泛有效地开展低碳环保活动：举办低碳生活与可持续发展的知识讲座；培养

各单位、家庭积极参与环保小创意、循环用水等低碳经济的生活模式；组织志愿者把节能、节水、节电、节粮等知识宣传到千家万户，营造社区生活低碳节能的良好氛围，让"绿色办公，低碳生活"的理念走进每一个单位，每一个家庭。

人、自然与建筑的绿色之美

——"亿力·未来城"

"亿力·未来城"项目位于淮安市清河区，地处清河、清浦与城市新区（经济开发区）的交界处，占地面积30余万平方米，规划建筑以小高层、高层的高档住宅为主，配套大型商业中心、滨河特色风情街、部分酒店式公寓等、地下停车库以及大型社区会所和幼儿园等，建成后小区的总建筑面积将达87万平方米，是一座集居住、商务、休闲、娱乐、健体、教育于一体的大型综合社区。

"亿力·未来城"在产品规划的初始阶段，即以创建"国家康居示范工程"为核心目标，全面执行"国家康居示范工程"的标准。通过整体规划的绿色建筑设计

手法，将社区整体的功能、景观与文化互相融合；在建设施工过程中，将完全依照建设"国家康居示范工程"的指导思想，全面提高住宅质量，打造出人、自然与建筑相互和谐，居住环境自然、舒适、安全、便捷的高品质、高质量、具有活力的绿色、低碳、生态居住社区。

"亿力·未来城"积极倡导"绿色办公、低碳生活"理念，以实际行动深化节约型社区建设，广泛有效地开展低碳环保活动：举办低碳生活与可持续发展的知识讲座；培养

各单位、家庭积极参与环保小创意、循环用水等低碳经济的生活模式；组织志愿者把节能、节水、节电、节粮等知识宣传到千家万户，营造社区生活低碳节能的良好氛围，让"绿色办公，低碳生活"的理念走进每一个单位，每一个家庭。